食品微生物检验技术及新进展

郝鲁江◎著

中国纺织出版社

内 容 提 要

本书作者以《中华人民共和国食品安全法》和《食品安全标准》有关食品微生物学检验方法为依据，注重微生物基础知识与专业实验的有机衔接和食品微生物检验原理与技能的结合。全书主要具体内容涉及食品中微生物的分类、食品中各类微生物检验程序和检验方法、食品微生物检验室及配置、现代食品微生物检验新进展等。全书由郝鲁江副教授，结合多年的一线教学经验和实践总结而成。内容编排上条理清楚，深入浅出，对在校学生、食品检验从业人员和相关专业人士及普通读者有不错的学习和参考价值。

图书在版编目（CIP）数据

食品微生物检验技术及新进展 / 郝鲁江著. -- 北京: 中国纺织出版社, 2019.6

ISBN 978-7-5180-3963-0

Ⅰ. ①食… Ⅱ. ①郝… Ⅲ. ①食品微生物 – 食品检验 – 研究 Ⅳ. ①TS207.4

中国版本图书馆CIP数据核字（2017）第208153号

责任编辑：郭婷 **责任印制：储志伟**

中国纺织出版社出版发行

地址：北京市朝阳区百子湾东里 A407 号楼 邮政编码：100124

销售电话：010–67004422 传真：010–87155801

http：//www.c–textilep.com

E-mail：faxing@c–textilep.com

中国纺织出版社天猫旗舰店

官方微博 http：//www.weibo.com/2119887771

三河市延风印装有限公司印刷 各地新华书店经销

2019 年 6 月第 1 版第 1 次印刷

开本：710 × 1000 1/16 印张：12.75

字数：225 千字 定价：58.00 元

前言

微生物学是生命科学研究中最活跃的学科领域，食品微生物学是食品科学与工程、食品质量与安全专业的核心骨干课程。食品微生物检验实验是微生物学产生和发展的基础，为整个生命科学技术的发展做出了积极而重要的贡献，同时也是生物工程技术的核心和主体。随着分子生物学的发展，各学科相互交叉渗透，极大地丰富了食品微生物检验技术的内容，并将其推向一个新的发展阶段。

无论在发达国家还是在发展中国家，食品安全都是一个极其重要的公共卫生问题，由此导致的食源性疾病一直是人类面临的一个严峻的现实挑战。食品微生物检验是衡量食品卫生质量的重要指标之一，也是判定被检食品能否食用的科学依据之一。作为监控食品质量的工具之一，食品微生物检验方法早已应用于食品的产前、产中和产后的质量评定与监控。通过检验，可以判断食品加工环境及食品卫生质量情况，能够对食品被微生物污染的程度做出正确的评价，为各项卫生管理工作提供科学依据，为传染病、人类和动物的食品中毒提供防治措施。许多微生物检验方法已成为相关生产厂家和检测机构的常规检验手段。因此，食品微生物检验在食品科学领域和人才培养中的地位十分重要。

本书以最新食品安全国家标准为依据，注重微生物基础知识与专业实验的有机衔接、食品微生物检验原理与技能的结合，具有较强的实用性和可操作性，符合从学习认知到掌握应用的规律。本书在撰写过程中参考了国内外一些最新食品微生物检验研究进展。

本书的出版得到了齐鲁工业大学2016年专业核心课程（群）项目：《生物技术专业核心课程群》（项目代码：201607）的资助，在此谢过。

由于本书涉及领域广泛、笔者撰写水平有限，书中难免有不足和疏漏之处，希望各位读者和专家学者提出批评和建议，以便今后改进和完善。

目 录

第一章
现代食品微生物

第一节　食品微生物学的历史与发展

从古代开始，人类在日常的生活经验中就已经意识到了微生物的存在。例如，中国古代利用微生物酿制白酒的历史，甚至可以追溯到4000多年前。到了北魏，科学代表著作《齐民要术》中列举了酿酒、谷物制曲、制造醋和酱油以及腌菜等方法，都可以视为对微生物的利用。在西方，古希腊最早在石板上刻下了酿酒的方法及过程。

除了在酿酒及食物加工领域外，中国人在春秋战国时代就学会了利用微生物分解有机物质沤粪积肥。最早在医药治病领域利用微生物的记录是《神农本草经》，里面记录了在公元2世纪使用白僵蚕治病的过程。另外，在《左传》中，记载着公元6世纪中国人使用麦曲治疗腹泻疾病的故事。种痘方法的记载最早出现在10世纪的《医宗金鉴》中，直到1796年，英国人琴纳发明了牛痘疫苗种植方法来治疗天花，开创了近代免疫学发展的基础。近代微生物学的奠基，应该首先归功于荷兰人列文虎克发明的显微镜；虽然该显微镜只能放大160～260倍，但是已经使人类可观察到雨水、植物培养液里的微生物群，并根据观察到的微生物形态（例如球形、杆形或者螺旋状等）进行了初步分类，使人类对微生物的研究向前迈进了一步。同时期，意大利植物学家米凯利也通过这些简易的显微镜仪器发现了真菌的形态。1838年，德国动物学家艾伦贝格首先提出了“细菌”一词，并且在其著作《纤毛虫是真正的有机体》中，将纤毛虫纲开创性地分为22科；艾伦贝格将他所观察到的细菌视为动物，所以在这22科中有3科为细菌科。与此同时，德国的植物学家科恩发现了杆状细菌的芽孢，在他的观念中，细菌应该归属于植物类，从而确定了此后百年中细菌的从属地位。

法国科学家巴斯德认为酒的酿造、醋的变质等自然现象其实从本质上来讲是微生物作用引起的发酵过程，这标志着人类对微生物的研究开始向生理学阶段研究迈进，从而为现代微生物学奠定了发展基础。巴斯德提出了“发酵是微生物在无氧环境下的无氧呼吸产生的结果，酒的变质是微生物代谢产生了有害物质所引起的，不同的微生物都具有自己独特的新陈代谢方式，需求的生活条件不同，引发的作用也不同”的观点。在这些观点的影响下，他发明了一种防止酒变质的加热灭菌法，现在我们称之为巴斯德灭菌法；使用该方法可以长期保存葡萄酒和啤酒，使其不变质。在他的影响下，人们开始研究微生物与传染病发生之间的内在关系，获得了人、畜生、家禽的传染病起因，如狂犬病、炭疽病、鸡霍乱等，从而利用了菌种疫苗进行接种，预防这些传染病的发生和传播。巴斯德在微生物领域方面的研究成果，一方面促进了医学、发酵工业以及农业的快速发展，另一方面也为人类研究微生物学的现代研究指明了方向。

与巴斯德同时期的德国微生物学家科赫，也是一位对微生物学发展做出巨大贡献的科学家。他不但首次论证了炭疽杆菌是炭疽病的病原苗，此后又陆续发现了结核病和霍乱的病原苗，而且还发明了细菌的染色方法，使用琼脂作为凝固培养基来培养细菌并分离单一纯净菌种的操作过程；他提出了鉴定病原菌的方法及步骤，给出了著名的科赫法则。①20世纪以来，微生物学逐步向微生物化学发展，主要原因是生物化学和生物物理学与微生物学之间的相互渗透和融合，同时电子显微镜的诞生以及同位素示踪原子技术的推广应用，都促使了这一结果的诞生。1897年，德国微生物科学家毕希纳开创性地将微生物生命活动过程与酶化学反应结合起来，因为他发现，酵母菌产生的无细胞提取液与酵母本身一样具有发酵糖液，都产生了乙醇。其他的生物学研究人员也通过对一系列基本生理过程和代谢途径的研究获得了生物体的代谢规律以及控制这种代谢规律的基本原理和方法，从而达到了在控制微生物代谢的基础上继续扩大利用微生物、发展对应的酶反应学科的目的，进一步推动了微生物学的发展。

现代食品微生物学的发展方向是分子水平研究的继续深入，生产的广度以及深度继续发展，学科覆盖的宽度继续增加。

第二节　食品中主要微生物的特性

食品领域关系密切的微生物类型，主要有细菌、霉菌和酵母菌三种。

一、细菌

广义的细菌是指细胞核无核膜包裹，只存在拟核区的裸露DNA的一大类原始单细胞生物，包括真细菌和古生菌两大类群。人们通常所说的即为狭义的细菌，是一类形状细短，结构简单，多以二分裂方式进行繁殖的原

① 罗光明，董艳凯等. 栀子炭疽病原菌鉴定及抑菌药剂筛选 [J]. 中国实验方剂学杂志，2017，(19)：17-18.

核生物，是在自然界分布最广、个体数量最多的有机体，是大自然物质循环的主要参与者。

细菌形态多样，主要有球状、杆状、螺旋状，还有丝状细菌、柄杆菌、星形细菌、方形细菌等。通过革兰氏染色，细菌被分为革兰氏阴性菌和革兰氏阳性菌。在日常生活中，食品经常受到细菌的污染，从而变质；但同时有些对人体有益的细菌又可以用于生产制造食品。

（一）革兰氏阳性球菌微球菌

微球菌属存在于哺乳动物体表，能引起食品腐败。葡萄球菌属中的金黄色葡萄球菌与食源性疾病有关，肉葡萄球菌可用于加工发酵香肠。链球菌属中的酿脓链球菌存在于人体呼吸道，是食源性病原菌，嗜热链球菌存在于原料乳中用于乳制品发酵。肠球菌属是重要的食品腐败菌，常见的有粪肠球菌。

乳球菌属可用于生产生物加工食品，尤其是发酵乳制品，常见的有乳酸乳球菌乳酸亚种和乳脂亚种。明串珠菌属中的嗜冷菌株与真空包装冷藏食品的腐败有关。片球菌属中某些菌用于食品发酵，某些能引起酒精饮料变质，有的能产生细菌素，对革兰氏阳性细菌具有广谱抗菌作用，可用作食品生物防腐剂。八叠球菌存在于土壤、植物和动物粪便中，能引起植物食品的腐败。

（二）革兰氏阳性芽孢杆菌

枯草芽孢杆菌属可用于食品生物加工，存在于土壤、灰尘、植物中。蜡状芽孢杆菌能引起食源性疾病和食品腐败。嗜热脂肪芽孢杆菌是罐头食品的平酸败坏菌，常引起罐头食品外观正常，内部产酸，没有胀罐现象。芽孢乳杆菌属存在于鸡饲料和土壤中，常见种有菊糖芽孢乳杆菌、梭菌属中的肉毒梭状芽孢杆菌相产气荚膜梭菌（食品中重要的腐败菌）、酪丁酸梭菌，这些是重要的腐败菌，有些种在食品加工中被用作水解糖和蛋白质酶的来源。

（三）革兰氏阳性无芽孢杆菌

乳酸杆菌存在于植物原料、牛乳、肉类和动物排泄物中。德氏乳杆菌保加利亚亚种、瑞士乳杆菌和植物乳杆菌用于食品生物加工。嗜酸乳杆菌、罗伊乳杆菌和干酪乳杆菌干酪亚种属于益生菌。科林斯（Collins）等按生理生化性状的分类标准，将某些非典型的乳杆菌—奇异乳杆菌和鱼乳杆菌（已知的食品腐败菌和鱼的致病菌）连同另外两个新种——鸡肉食杆菌和游动肉食杆菌，建立了一个新属叫肉食杆菌属（*Carnobacterium*）；这些杆菌存在于鱼类和肉类中，常见种有栖鱼肉杆菌（*C. piscicola*）。环丝菌属能在冷藏真空包装肉及肉制品中生长，常见种有热死环丝菌。李斯特菌属广泛分布于环境中，能从不同类型的食品中分离出来，是主要的食源性病原菌。

（四）革兰氏阴性需氧菌

革兰氏阴性需氧菌无芽孢，端生鞭毛，能运动或不运动，有些菌能产生水溶性荧光色素。化能有机营养型，自然界中分布广泛，某些菌株有强烈分解脂肪和蛋白质的能力，污染食品后能在食品表面迅速生长引起变质，影响食品气味，如生黑腐假单胞菌（*P.nigrifaciens*）能在动物性食品上产生黑色素；菠萝软腐假单胞菌（*P.ananas*）会使菠萝腐烂。弯曲杆菌属中的空肠弯曲杆菌和大肠弯曲杆菌都是食源性病原菌，存在于人体、动物和鸟类的肠胃中。假单胞菌属中的荧光假单胞菌（*P.fluorescens*）、铜绿假单胞菌和恶臭假单胞菌是主要的腐败菌，能分解代谢食品中多种糖类、蛋白质和脂肪，如荧光假单胞菌能在低温下生长，使肉类腐败。黄单胞菌属属于植物病原菌，能导致果蔬腐烂，野油菜黄单胞菌菌株可用于生产黄原胶葡糖杆菌属中的氧化葡萄糖酸杆菌，能引起菠萝、苹果和梨腐败。交替单胞菌属是导致鱼和肉类腐败的重要菌株。黄杆菌属可导致牛乳、肉及其他蛋白类食品腐败变质，常见种有水生黄杆菌。产碱杆菌属（*Alcaligenes*）不能分解糖类产酸，能产生灰黄、棕黄和黄色的色素，引起乳品及其他动物性食品发黏变质，能在培养基上产碱，广泛分布于水、土壤、饲料和人畜的肠道中。黄色杆菌属（*Flavobacterium*）有鞭毛，能运动，对碳水化合物作用弱，能产生多种脂溶性而难溶于水的色素，如黄、橙、红等颜色的色素，能在低温中生长，能引起乳、禽、鱼和蛋等食物的腐败变质，广泛分布于海水、淡水、土壤、鱼类、蔬菜和牛奶中。

（五）革兰氏阴性兼性厌氧菌

柠檬酸杆菌属，存在于人类、动物和鸟类的肠道内容物和环境中，包含在大肠菌群中作为卫生指标，重要种有弗氏柠檬酸菌。埃希肠杆菌属中有些菌株对人和动物来说是致病性的，属于食源性致病菌，重要种有大肠杆菌。在食品检验中，一旦发现了大肠杆菌，就意味着这种食品直接或间接地被粪便污染。大肠杆菌也是食品中常见的腐败菌，可使乳及乳制品腐败。肠杆菌属与柠檬酸杆菌属相似，但其中有些是低温菌，能在0～4℃繁殖，造成包装食品在冷藏过程中腐败变质。

肠杆菌属存在于人类、动物和鸟类的肠道内容物以及环境中，重要种有产气肠杆菌。变形菌属、沙门菌属存在于人类、动物的肠道内容物中，也分布于水和土壤中，常见种分别为普通变形杆菌、肠沙门菌肠亚种。志贺氏菌属存在于人及灵长类动物肠道中，与食源性疾病有关，常见种有痢疾志贺氏菌。弧菌属中霍乱弧菌、副溶血弧菌和创伤弧菌能引起人类食源性疾病，溶藻弧菌会导致食品腐败。

（六）革兰氏阴性无芽孢杆菌

无色杆菌属（*Achromobacter*），G-菌，有鞭毛，能运动，多数能分解葡萄糖及其他糖类，产酸不产气，能使禽肉和海产品变质发黏，[①]分布于水和土壤中。醋酸杆菌属是食醋发酵的菌种，但对酒类和饮料有害，也可引起水果和蔬菜的变酸腐烂。变形杆菌属（*Proteus*）周生鞭毛，能运动，菌体常不规则，呈现多形性，对蛋白质有很强的分解能力，是食品的腐败菌，并能引起人类食物中毒，广泛存在于人及动物的肠道、土壤、水域和食品中。

二、霉菌

霉菌是指在固体营养基质上生长，形成绒毛状、蜘蛛网状或棉絮状的菌丝体，而不产生大型肉质子实体结构的真菌。霉菌除应用于传统的酿酒、制酱和食醋、酱油的酿造以及制作其他的发酵食品外，在发酵工业中还广泛用于生产酒精、有机酸、抗生素、酶制剂等；在农业上用于生产发酵饲料、植物生长刺激素、农药等。霉菌对人类也有有害的一面，它是造成谷物、水果、食品、衣物、仪器设备发霉变质的主要微生物。此外，霉菌还是人和动植物多种疾病的病原菌，如小麦锈病、稻瘟病和皮肤病等。

曲霉属中有的种产生霉菌毒素，如黄曲霉产生黄曲霉毒素。有的种用于食品和食品添加剂的生产，米曲霉在清酒生产过程中被用来产生 α- 淀粉酶水解淀粉，黑曲霉可以将蔗糖转化成柠檬酸，还能生产 β 乳糖酶类的酶类。

支链孢属能导致番茄腐烂，以及使乳制品发出腐臭味。有些种会产生毒素，常见有柑橘链格孢霉。

镰孢霉属能导致柑橘类水果、马铃薯和谷物的软腐，它能产生真菌毒素：富马毒素、玉米烯酮、单端孢霉烯和呕吐毒素等，常见种有轮枝镰孢菌、禾谷镰刀菌、再育镰刀菌等。

白地霉属容易在食品机械和乳制品中生长。常见种有白地霉，在脂肪酶、香气化合物、奶酪制作、污水处理以及饲料蛋白生产等方面应用广泛。

毛霉属中有些种用于食品发酵以及作为酶的来源，能导致果蔬腐败。常见种有鲁氏毛霉。

青霉属中有些种可用于食品生产，如干酪中的娄地青霉和卡门柏青霉。

---

① 李凤梅 . 食品微生物检验 [M]. 北京：化学工业出版社，2015，第 49 页。

有些种不仅能引起果蔬真菌腐烂，也能导致谷物、面包和肉类的腐败。

根霉属会导致许多水果和蔬菜的腐烂，葡枝根霉是常见的面包变质霉菌。根霉也是酿酒和乳酸发酵的主要菌种。

三、酵母菌

酵母菌主要分布在偏酸性、含糖较多的环境中，如水果、蔬菜、花蜜以及植物叶子上。大多为腐生，有的与动物特别是昆虫共生。酵母菌是人类利用最早的微生物之一，利用酵母菌可以酿造出调味品、饮料、酒类和面包等，还可生产酵母片、核糖核酸、核黄素、细胞色素、维生素、氨基酸、脂肪酶等。

少数酵母菌会引起人或动植物病害。腐生性酵母菌能使食物等腐败变质，少数耐高渗的酵母菌和鲁氏酵母、蜂蜜酵母可使蜂蜜和果酱败坏，有些酵母菌会引起人体皮肤、黏膜、呼吸道、消化道等多种疾病。

酵母属。啤酒酵母可用于面包焙烤和乙醇发酵，它们也能导致食品腐败，产生乙醇和二氧化碳。

毕赤酵母属。毕赤酵母在啤酒、葡萄酒和盐水中形成薄膜，导致其腐败。常见有膜蹼毕赤酵母。

红酵母属。它们是形成色素的酵母，能引起诸如肉类、鱼类和泡菜等食品变色。常见种有黏红酵母。

球拟酵母属。它们能发酵乳糖，引起牛乳变质，也能导致果汁和酸性食品的变质。

假丝酵母菌。假丝酵母菌中许多种能使高酸、高盐、高糖食品腐败，在液体表面形成薄膜，有的能导致黄油和乳制品发出恶臭味，如解脂假丝酵母。

接合酵母属。接合酵母能引起高酸性食品腐败，如酱油、腌菜、芥末、蛋黄酱，尤其是低盐低糖的食品易受拜耳接合酵母的污染，引起腐败。

第三节　食品中微生物的来源

食品微生物的来源主要是因为食品在加工、运输、贮藏、销售过程中被微生物感染。研究并弄清食品中微生物的来源、途径及其在食品中的消长规律，对于切断感染途径、控制其对食品的污染、延长食品保藏期、防止食品腐败变质与食物中毒的发生都具有非常重要的意义。

微生物分布在自然界的各个角落，在不同的环境中，微生物的数量、类型又各不相同；这就决定了食品从最开始的种植到加工到最后的包装运输，每个环节都可能接触到外部的其余非本体微生物；在这些外部微生物中，有的微生物不会造成破坏或者负面影响，但是有些外部微生物会引发食物的变质等现象发生。食品中微生物的来源主要来自土壤、空气、水、动植物的外部环境，还来自于在设备、加工和包装环节等方面微生物的加入。

一、土壤

土壤是微生物的“天然培养基”，含有大量的可被微生物利用的碳源和氮源，还含有大量的硫、磷、钾、钙、镁等无机元素及硼、钼、锌、锰等微量元素，加之土壤具有一定的保水性、通气性及适宜的酸碱度（pH值3.5～10.5）和适宜的温度（10～30℃），而且表面土壤覆盖有益于保护微生物免遭太阳紫外线的危害，这些都为微生物的生长繁殖提供了有利的营养条件和环境条件。[①]虽然不同土壤中，微生物的种群和数量可能不同，但总的来说，土壤中存在着自然界中绝大部分的微生物，它也是食品中微生物存在的主要源头。

根据不同土壤的分析统计，每克肥沃土壤中，通常含有几亿到几十亿个微生物，贫瘠土壤也含有几百万到几千万个微生物。在这些微生物中，以细菌最多，占土壤中微生物总数的70%～80%，其次是霉菌及酵母菌等。按其营养类型来分，主要是异养菌，但自养型的细菌也普遍存在。

不同土壤中微生物的种类和数量有很大差异，地面下3～25cm是微生物最活跃的场所，肥沃的土壤中微生物的数量和种类较多。例如，果园土壤中酵母的数量较多。在酸性土壤中，霉菌较多；碱性土壤和含有机质较多的土壤中，细菌、放线菌较多；在森林土壤中，分解纤维素的微生物较多；在油田地区的土壤中，分解碳氢化合物的微生物较多；在盐碱地中，可分离出嗜盐微生物。

土壤中的微生物主要有两个来源：第一，土壤本身含有的微生物；第二，与土壤直接接触或者间接接触的过程中加入到土壤中的微生物。例如，与土壤接触的水、空气等介质会将其中的微生物传输至土壤之中。另外，人和动物的行为活动，如排泄、耕种等过程也会使微生物进入土壤。

---

① 王廷璞，王静．食品微生物检验技术 [M]. 北京：化学工业出版社，2014，第102页。

土壤中的微生物有的生存时间较短，例如沙门菌在土壤中仅能存活数天，最多数周；但是有的微生物如炭疽芽孢杆菌，却能够存在数年甚至更长时间才会死亡。土壤中能够长期生存的菌类主要为土源性病原菌、霉菌以及放线菌的孢子。①

二、空气

空气经常接受来自太阳的日光照射，而且不具备多数微生物生存繁殖所具备的水、养分等基本条件。即便如此，空气中仍然存在着一定数量的微生物。这些微生物来自于与空气接触的人和动植物等生物。例如，人和动植物的表皮脱落，呼吸及消化、排泄过程产生的微生物。这些微生物一般体积微小，质量较轻，可以随着空气的流动四处飘散，充满世界的各个角落，分布范围极其广泛。例如，人流量较多的公共场合、空气流动不良的室内环境等地方，微生物含量较高，可达106个/m^3。

空气中的微生物主要类型包括霉菌、放线菌孢子和细菌芽孢以及酵母菌等，如结核杆菌、金黄色葡萄球菌以及沙门菌，甚至包括流感病毒在内。据研究表明，一名感冒患者打喷嚏时，口腔喷出的唾液小滴里包含有1万～2万个微生物细菌。

三、水

自然界中包括的江河湖泊以及海洋等不同的水系，无论是淡水水系还是咸水水系，都包含有大量的微生物。但是由于分布的地理位置及环境条件不同，造就的含盐量、温度、含氧量等都不相同，所以造成了它们里面包含的微生物种类、数量都存在较大的差异。通常情况下，一片水域中如果包含的有机物成分越多，则包含的微生物数量就越巨大。

淡水水域中的微生物主要包含两大类。第一类为清水型微生物，该类微生物为水系中的原土居微生物，多为自养型，主要依靠分解矿物质或者光合作用生存，例如硫细菌、铁细菌、蓝菌等。它们多存在于清洁的湖泊或者洁净的水库中。另外，清水型微生物还有一部分单细胞和丝状的藻类微生物，但是数量有限。第二类为腐败型水生微生物。这种微生物主要来自于进入水域的腐败有机物质，并且进入水域后可以大量繁殖；但是又

① 李俊乐 . 土壤微生物对环境胁迫的相应机制分析 [J]. 中国高新技术企业，2017，（11）：6-7.

由于水域中不存在繁殖生长所需要的营养物质，所以一般不会存活时间太长，只有很少数此类微生物才会存活数月之久。腐败型水生微生物会随着水分进入人体或者动植物体内，该类微生物多数为致病菌，例如破伤风芽孢杆菌、炭疽杆菌等，进入人体后会引发对应的疾病。这些微生物多数是通过土壤或者人和动物的粪便进入水体中，并大量繁殖，所以保持水源的洁净性以及饮用水卫生控制对于人类的健康十分重要。

咸水水域如海洋中同样含有大量的微生物，这些微生物主要由细菌组成，并且具有一个共性：嗜盐性。海水中的微生物可以引起海洋动植物的腐败及致病，某些微生物也同样是人类食物中毒的病原体，例如副溶血性弧菌等。

四、人及动物体

人体和动物体中的微生物存在于身体各个角落，如毛发、口腔、消化道、呼吸道等。例如，一般没有经过消毒清洁的动物皮毛和人类皮肤，微生物的数量达到了105～106个/cm^2。当人类或者动物生病后，体内会存在原本没有的病原体微生物，有些微生物病原体只有动物会有，例如犬类、猫、鼠类等携带；但是有些微生物病原体则属于人和动物的共患病原体，会通过呼吸、排泄等方式于人和动物之间互相感染。

另外，昆虫类动物如蝇、蚊等携带的微生物在接触食物后，会引起食物的污染变质。

五、加工机械及设备

加工机械及设备本身不具备微生物生长繁殖所要求的营养环境，但是在加工生产过程中，经过与食品接触后，食品附着在加工机械及设备表面，如果没有经过及时的清洁和消毒处理，则会逐步产生细菌并且大量繁殖。这些微生物在下次的加工生产使用过程中会迅速对新的食品造成污染。

第四节　食品的腐败变质

新鲜的食品在常温20℃左右存放，由于附着在食品表面的微生物作用和食品内所含酶的作用，使食品的色、香、味和营养价值降低；如果久放，食品会腐败或变质，以至完全不能食用。

从广义的角度来说，凡引起食品理化性质发生改变的现象，都称为食品变质。导致食品变质的因素有物理的、化学的，也有生物的。比如油脂的氧化酸败，主要是理化因素引起的；有时发现米、面放久了生了小虫，使之变质不可食用，这是生物因素——昆虫造成的。

在大多数情况下，引起食品变质的主要因素是微生物。

一、食品腐败变质的本质

食品的腐败变质是由多方面因素决定的综合结果，不是由某一单一方面引起的。食品本身的特性、环境因素、微生物的介入，三因素缺一不可，三个因素之间互为条件、互相影响。从化学角度解释，食品腐败变质的本质就是食品本身包含的碳水化合物、蛋白质、脂肪等营养物质在适宜的环境下，由于微生物的介入，被分解代谢为其他产物的某些变化过程。

二、引起食品腐败变质的因素

食品腐败变质的主要因素有两个：第一是食品本身的组成和性质，第二是微生物的作用。能够引起食品变质的微生物一般是细菌、酵母菌和霉菌等，其中细菌引起的食品变质最为广泛，但是其数目只占到现在发现细菌总数目的一半左右，食品卫生学上称这部分细菌为食品细菌。食品细菌按照致病性分类又能分为致病菌、相对致病菌和非致病菌三类。致病菌作为食物中毒和食物变质的罪魁祸首，是食品卫生质量评价的重要指标。

在《伯杰氏系统细菌学手册》（1984—1989）中，污染食品后可引起食品腐败变质、造成食物中毒和引起疾病的常见细菌主要有需氧芽孢菌、厌氧芽孢菌、无芽孢细菌、酵母菌和霉菌几种。

在食品中一般都含有丰富的营养物质，例如蛋白质、脂肪、维生素和无机盐等。这些营养成分是人类摄入食物的主要目的，但是也会成为微生物污染的基础所在。以蛋白质为主的食物如果被以蛋白质为主的微生物污染分解后，则会快速变质，同理，以脂肪为主或者以碳水化合物为主的食品也是如此。总之，当微生物具备的酶所需要的底物与食品营养成分一致时，食品才会被微生物迅速分解变质。食品微生物的生长和繁殖速度受以下几方面环境因素的影响。

（一）pH值

pH 值是食品本身具备的特性之一。有些食品的 pH 值甚至低至 2 ~ 3，一般食品的 pH 值都低于 7.0。按照分类标准，pH 值低于 4.5 称为酸性食品，高于 4.5 称为非酸性食品。酸性食品主要包括水果、乳酸菌、发酵食品等，非酸性食品主要包括肉类和蔬菜等。所以，非酸性食品更适宜微生物的生长和繁殖，更容易腐败变质，而酸性食品更适宜于真菌的生长和繁殖。另外，食品的 pH 值会随着微生物生长繁殖过程的进行而改变。例如，糖类食品随着微生物产生的有机酸而使 pH 值逐渐降低；相反，蛋白质食品会随着微生物活动 pH 变高；混合型食物会出现食物 pH 值增高或降低的波浪形变动。

（二）水

食品包含的水分主要有两种形态：结合态水和游离态水。结合态水因为被固定，不影响微生物的生长环境的含水量。游离态水也称含水活性或者含水活度，因为状态为活动状态，能够被微生物的生长繁殖过程利用；所以，游离态水的多少决定了食物由于微生物变质的快慢。各种食品中的游离态水含量不同决定了不同，食物的含水量控制标准不同。

（三）渗透压

影响微生物生长繁殖的生存环境的一个要素就是食品本身的渗透压。不同微生物具备的渗透压都各不相同，高渗透压生存环境的微生物（例如高度嗜盐细菌）适应的生存环境含盐量达到了20% ~ 30%；中等嗜盐细菌可以在含盐量达到5% ~ 10%的环境中生存；但是，大多数微生物只能在低渗透压环境中生存，如低等嗜盐细菌只能在2% ~ 5%含盐量的生存环境中生长繁殖。

三、食品腐败变质过程

食品腐败变质过程从本质上讲，就是食品中的营养成分如蛋白质、脂肪、碳水化合物等被微生物分解为自身生长所需酶的过程。食品腐败变质的程度因食品种类、微生物种类数量以及存放环境等不同而各不相同。

（一）蛋白质

蛋白质食品的腐败变质主要发生在富含蛋白质的食品中。因为这类食品蛋白质含量较高（如鱼类、蛋类和豆制品等），所以微生物首先通过动植物组织酶和微生物分泌的蛋白酶的作用，第一步先将蛋白质水解成多肽，第二步多肽裂解为氨基酸；氨基酸再经过脱氨基、脱羟基等作用进一步分解为其他化合物，完成蛋白质食品腐败变质过程。

蛋白质食品腐败变质后常常伴随着发臭现象。引起该现象的主要原因是蛋白质分解作用后产生的碱性含氮化合物（例如胺、伯胺、仲胺及叔胺等）分解物具有臭味和挥发特性。

（二）脂肪

富含脂肪的食品变质主要是发生酸败引起的。酸败是一种油脂化学反应，第一步是油脂本身进行的氧化过程，这个过程是一种自由基的氧化反应过程；第二步是油脂的加水水解反应，在该过程中，食品中的中性脂肪分解成为甘油和脂肪酸等。油脂的加水水解反应产生有利的脂肪酸和甘油等物质，甘油产物中还会出现甘油一酯、甘油二脂等不饱和产物。其中脂肪酸经过断裂形式产生具有难闻味道的酮类和酮酸，不饱和脂肪酸的不饱和键位部分经过氧化反应形成过氧化物。脂肪酸被再氧化再分解为特臭的醛类和醛酸，也被称为“哈喇味”。

富含脂肪的食品变质腐败程度快慢，受多方面因素的影响，如脂肪的饱和度、紫外线、氧气含量、水分含量等外部条件，也有如铜离子含量、铁离子含量等催化剂的内部条件影响。脂肪中的脂肪酸饱和度含量较高时，则会加速酸化腐败的过程；而维生素C、维生素E等天然抗氧化物质还有芳华化合物含量较高时，则会减缓腐败变质过程。

（三）碳水化合物

包含碳水化合物较多的食品主要有粮食、蔬菜、水果和糖类食品。在微生物及酶和其他因素的综合作用下，碳水化合物被分解为单糖、醇类、酮类、醛类、CO_2和水等。通过微生物分解糖类物质变质，也经常称之为发酵或酵解。在这个过程中，最明显的变化是食物的酸度提高，也会伴随着特有气味的产生，所以通过鉴定食品的酸度变化可以测定碳水化合物食品的变质腐败程度。

四、食品腐败变质的现象

食品受到微生物的污染后容易发生变质。其现象主要有以下几个方面。

（一）色泽变化

色泽是食品的固有属性，食品本身就具有一定的色泽规则。微生物生长繁殖过程中会产生一定的色素，色素经过不断的积累后，就会引起食物原有色泽的变化，一般情况下新的色泽无论是色泽外观还是色泽分布都与原色泽不同。常见的食品腐败变质的色泽变化有变黄、变紫、变褐、变红、变黑等，而且色泽分布也不均匀，呈现片状斑、点状斑甚至是全部变色。

另外一方面，由于微生物的代谢产物引起的化学变化也会引起食品色泽的变化。例如，肉类制品的绿变就是因为代谢产生的硫化氢与肉质里的血红蛋白结合发生反应，形成硫化氢血红蛋白而引起的。

（二）气味变化

气味同样为食品本身具备的固有特性，有的可以被人类嗅觉察觉，有的凭借人类嗅觉无法察觉。由于微生物生长繁殖引起的气味变化，例如氨、三甲胺、乙酸、硫化氢、乙硫醇、粪臭素等都具有腐败的臭味，人类嗅觉可以感觉到，这些物质散布在空气中的密度达到了10^{-11}～10^{-8}mol/m^{3}以上，所以可以被察觉到。

由于腐败变质引起的食物气味变化，其腐败臭味一般不是单一的一种臭味，而是由多种臭味混合形成；人类嗅觉分辨到的只是其中比较突出的一种或者几种不良臭味，例如醋酸臭、粪臭、胺臭等。对于植物，尤其是水果，腐败变质后分泌出的芳香味道，由于人类嗅觉习惯，反而不认为是臭味，所以通过人类嗅觉喜好来判定食品腐败变质是不科学的。食品是否变质不能以食品变质气味是香或是臭来判定，而是应该以食品是正常气味还是异常气味来判定。

（三）口味变化

食品腐败变质除了色泽、气味发生了变化，口味的变化也会伴随发生。在众多口味变化中，比较明显、容易分辨的是酸味和苦味。例如，碳水化合物食品变质初期的显著变化特征是口味变酸。口味变化的辨别难度很高，以番茄酱为例，因为其食物本身特性就是偏酸味，所以食品变质后，酸味变化在前期并不明显，从口感上无法正确辨别是否已经变质。通过口味变化来判断食品是否变质的科学做法是通过仪器设备检验其微生物含量的变化。口味变化鉴定也因人而异，每个人口味之间的差异也会影响判定结果，所以通过口味变化鉴定食物腐败变质仍然是食品微生物鉴定学科的一个难题。

（四）出现混浊和沉淀

混浊和沉淀主要发生于液体食品（如饮料、啤酒等）中，发生混浊的原因，除了化学因素能造成外，多数是由酵母（多为圆酵母属）产生酒精引起的。一些耐热强的霉菌如雪白丝衣霉菌、宛氏拟青霉，也是造成食品混浊的原因。①

（五）组织状态变化

食品腐败变质时也常会伴随着组织状态的变化。固态食品由于微生物代谢时，食品中的动植物组织在微生物酶的作用下而破坏，造成细胞液外泄，组织状态由固态变为黏稠状态。

① 陈文秀，董守亮等. 影响酒精酵母发展效果的因素研究 [J]. 现代食品，2017，（9）：32-33.

常见的组织状态变化有变形、软化、黏稠、结块。例如，肉类食品会出现肉质松弛、弹性变差，甚至出现表面发黏等现象；乳粉类、果酱类发生结块现象；液态食品腐败变质常常伴随着浑浊、沉淀物的现象；乳制品出现凝块、乳清分离析出、黏稠等，有时还会出现冒气泡等现象。

酱油、醋等调味品，如果长时间于较高温度（25～37℃）保存，则表面容易形成厚的白醭，俗称“生白”。这主要是由于产膜性酵母菌通过尘埃和不清洁的容器污染调味品后，大量生长繁殖造成的。此外，泡制菜的卤水也会因酵母菌大量繁殖而生白。污染需氧芽孢菌生白的调味品，会产生特殊的酸臭味，严重影响产品质量。①

① 何国庆，张伟. 食品微生物检验技术 [M]. 北京：中国质检出版社，中国标准出版社，2013，第37页。

第二章
微生物检验在安全和质量方面的应用

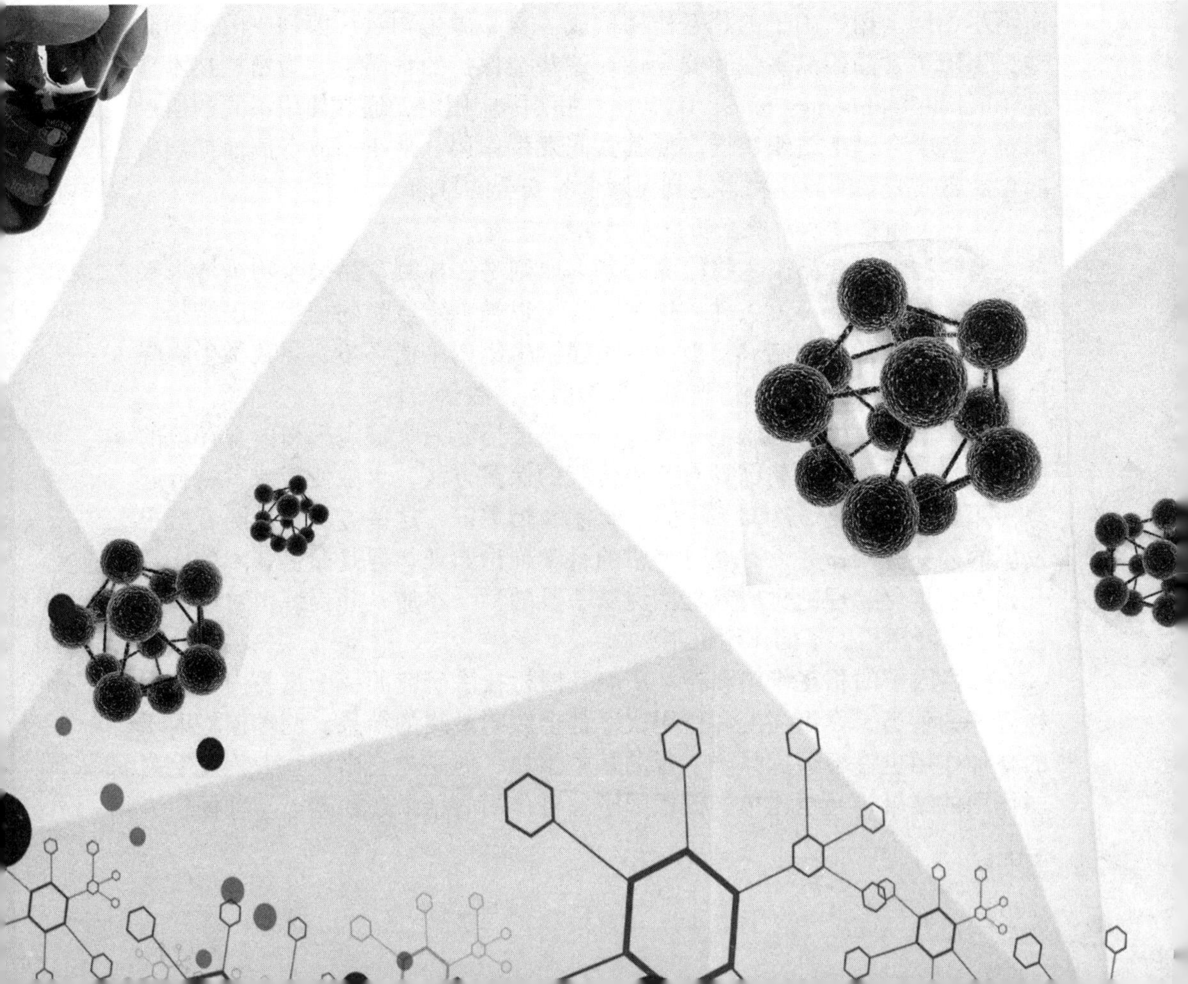

第一节　微生物检验原理分析

一、微生物检验原理——食品栅栏技术

食品微生物检验原理——食品栅栏技术是由德国肉类研究中心微生物和毒理学研究所所长莱斯特（Leistner）首先提出来的。该理论的目的是保障食品拥有良好的品质，其基本手段是对食品止常保质期内可能导致食品腐败变质的微生物进行严格控制。为了使食品获得可储藏性和保质期内的卫生安全性，要求在加工中，针对会引起食品变质的微生物，使用不同的防腐技术，以便有效阻止残留腐败菌和致病菌在食物内的繁殖生长。

栅栏技术的一个最重要特点就是栅栏因子，栅栏因子组成了保障食品微生物可储藏性和安全性的基本要求，栅栏因子的数量根据不同食品类型而不尽相同。栅栏因子的相互作用构成了食品微生物致病菌和腐败菌的防线，保障了食品的储藏性和安全性，这些被保护的食品被称为栅栏技术食品（hurdle technology food，HTF）。在实际应用中，通常使用不同的栅栏因子，科学合理地组织协调，使其共同发生作用，从正面或者侧面抑制引起食品腐败变质的微生物，达到保障食品安全的目的。

（一）栅栏技术的微生物检测原理

栅栏技术对食品微生物检测的基本原则是，检测食品微生物维持内平衡状态需要的内部环境条件，这些条件可以被一定数量的栅栏因子概括。通过对栅栏因子的控制，打破或者重建微生物内平衡环境，导致微生物降低、失去活性甚至死亡，达到最终控制微生物数量的目的。

内平衡是微生物得以生存繁殖而需要维持的一个稳定平衡内部环境的固有趋势。每一种食品都具有几种传统的保藏方法，单独使用或者结合起来使用，例如加热、冷却、干燥、腌制、烟熏等。这些方法只是随着历史发展的经验总结，并没有经过严格的科学理论验证，但是栅栏技术的应用开始着手量化、理论化研究这些保藏手段的科学本质，并提炼出对应的栅栏因子以及栅栏因子的作用机制。

栅栏因子的相互作用和相互影响是栅栏技术研究的一个重要内容。栅栏因子的种类、作用强度和作用次序都会影响最终的结果。两种栅栏因子的叠加作用也许会远远强于二者的基本累加，但是也会出现很大程度上削弱作用的结果，甚至比单一栅栏因子独自作用的结果还要差。某种栅栏因

子的组合应用还可大大降低另一种栅栏因子的使用强度，或不采用另一种栅栏因子而达到同样的保存效果，这就是所说的“魔方”原理。相对于单一的栅栏因子单一高强度使用，多个栅栏因子的共同作用更稳定，更有益于食品的卫生保藏。

通过栅栏技术进行破坏微生物的内平衡环境时，微生物会发生抵触、反弹活动，经过自我调节能力抵抗外界变化的压力。例如，微生物维持内平衡需要的pH值一般维持在较窄范围内的稳定范围，如果pH值变化，微生物则会通过pH调节机制阻止质子进入细胞内部；但是这一过程需要消耗微生物自身的能量，当能量耗尽时，质子就会进入细胞内，使微生物活性降低或者直接杀死微生物。

（二）常用栅栏因子

在国内，已经确认起控制作用的栅栏因子包括以下几种。

（1）温度：包含高温和低温。

（2）pH值：高酸度和低酸度，高碱度和低碱度。

（3）AW值：高水分活度和低水分活度。

（4）防腐剂：有机酸、亚硝酸盐、山梨酸盐、乳酸菌、异抗坏血酸盐等。

（5）氧还原电位：高电位和低电位。

（6）气调：CO_2、N_2、O_2等。

（7）微结构：乳化法等。

（8）包装：真空包装、活性包装、无菌和涂膜包装等。

（9）压力：高压、超高压、低压、负压。

（10）辐射照射：紫外线、微波、放射性辐射等。

（11）物理加工：阻抗热处理、超声处理、磁场振动等。

（12）竞争性菌群：乳酸菌等有益菌固态发酵法等。

栅栏因子作为栅栏技术的重要组成部分，是整个栅栏技术得以实施的基础。从现代微生物学角度，栅栏因子的研究和应用工作逐年增加。

二、栅栏技术的应用

栅栏技术是科学的、成熟的技术手段，对食品保藏有着非常重大的意义。由于其独特的协同作用、相互作用和系统控制手段，已经越来越被广泛应用。这种技术是一种稳定的微生物控制体系，能够保证食品安全，其作用效果已经被成功证明。

（一）栅栏技术在鲜肉及肉制品中的应用

鲜肉及肉制品的特点是营养丰富，但是水分含量多，同时含有多种活性酶，这就导致在运输、冷藏、加工和销售过程中很容易受到微生物的污染，[①]在微生物的作用下发生化学反应，导致物质变化以及组织结构的分解。经常使用的保藏手段是冷藏，包括冷冻链运输，这种保藏手段要花费大量的人力和物力资源，有较大的实施难度，而且经过冷冻处理后，肉质也会发生一定的变化。目前，鲜肉保存研究的方向是在非冷冻条件下保藏。除了冷冻保藏法，世界范围内使用最广泛的鲜肉和肉制品保藏手段主要有真空包装和气调保鲜等方法。

真空包装能够延长鲜肉和肉制品保藏时间的主要原因是：在真空环境下，通过使用非透气性材料将氧气隔绝、无法与鲜肉接触，鲜肉中的肌红蛋白和脂肪氧化需要的氧气因子被抑制，不能发生腐败变质反应。真空包装在冷藏条件（0～4℃）下可使肉的货架期延长到20d以上，在0℃条件下可达到21～28d，室温下可储存5～7d。

气调包装，就是人为改变食品存储环境周围的空气成分组成，达到保藏目的。例如，使用PET/PE塑料包装，填充以75%O_2和25%CO_2或者50%O_2和50%CO_2进行气调包装，14d后，气调包装的鲜肉菌落数量都低于真空包装。

在肉制品保藏领域，防腐剂应用较广，茶多酚是一种对鲜肉保藏有很明显作用的防腐剂。茶多酚是从茶叶中直接提取出来的化合物，主要组成成分是茶素及其衍生物，可以明显抑制脂肪氧化反应的发生。

（二）栅栏技术在鲜切果蔬加工中的应用

果蔬是人类日常生活中必不可少的食物，我国是果蔬产量世界第一的果蔬生产大国。鲜切果蔬对于整个果蔬食品的加工、运输、销售都有着非常重要的意义，可以大幅度提高果蔬产品的附加值。在欧美市场，果蔬鲜切技术已成体系，很成熟。我国的鲜切果蔬技术由于还处于初始发展阶段，相对比较落后，造成了我国果蔬产品的巨大浪费。鲜切果蔬的保藏手段的落后也制约着我国果蔬产业的发展。由于鲜切果蔬加工的不成熟，鲜切果蔬在生产、包装、运输的过程中被微生物污染严重，发生大量的腐败变质现象，造成了大量损失。

使用栅栏技术解决鲜切果蔬的保藏问题，首先针对不同的果蔬食品设定特有的栅栏因子，其次将栅栏因子与危害分析（HACCP）、良好生产规范（GMP）和微生物预报技术（PM）等结合，制订出符合国情和实际需求的鲜切果蔬控制策略。其栅栏因子主要为下列几种。

① 赵文杰，孙永海．现代食品检测技术[M]．北京：中国轻工业出版社，2007，第52页。

1、初始带菌量

初始带菌量是控制鲜切果蔬微生物的一个重要指标。初始带菌量越少，则越利于其他杀菌因子发挥作用。在加工之前，要严格清洗果蔬表面和加工设备，清洗切面上的微生物和残留果蔬汁液；也可使用柠檬酸、电解水等杀菌剂清洗以加强清洗效果，超声波辅助清洗同样可以用来减少初始带菌量的数目和种类。

另外一种减少果蔬初始带菌量的办法是：在果蔬的种植过程中，尽量减少使用被污染的水源进行灌溉，使用完全腐熟的有机肥增加养料，采集后使用空气进行冷却，严格控制从生长到采摘到鲜切再到加工包装的整个加工链的接触环境以及设备清洁度。

2、温度

温度会影响微生物新陈代谢的速度。合适的温度不但可以杀死多余的微生物，达到较好的杀菌效果，降低鲜切果蔬的呼吸效率，使货架前延长，而且可以保证新鲜果蔬的色泽、口感和硬度等感官品质。例如，香瓜通常采用67℃的清水清洗鲜切后，再经过射线辐照处理，在不影响香瓜颜色和口感的前提下，可以延长它的保质期。

另外，通过低温手段可以降低微生物新陈代谢的速度，抑制微生物的生长繁殖。在低温环节中对新鲜果蔬进行加工，能够有效降低微生物的污染概率。例如，在环境温度10～15℃的加工车间，对新鲜果蔬进行修整和剥皮处理，而且果蔬采集后一般都存储于5℃的冷藏环境中。低温储存和加工的缺点是在此过程中仍然有嗜冷微生物污染繁殖，所以还必须结合其他栅栏因子共同作用。

3、pH值

pH值的过高或者过低都会抑制微生物的生长繁殖。通常情况下，pH值为3.0～5.0的范围内的环境即可明显地起到降低微生物活性的作用，所以新鲜果蔬会使用柠檬酸、苯甲酸、醋酸等有机酸作为抗菌剂使用。与pH值经常配合使用的栅栏因子是气调包装，二者相互作用联合使用效果非常明显。例如，使用2%的乳酸来浸渍鲜切胡萝卜1min（轻柔搓洗），可以有效降低微生物总量，能够明显抑制接种的气单胞属病原菌的繁殖。

但有机酸的缺点是会对果蔬的口感产生一定影响，所以使用量必须控制在口感变化可接受的范围内。

4、化学药剂

随着现代化学工业的发展，越来越多的人工化学药剂被研发，并投入到使用食品保藏领域。在鲜切果蔬中，使用频率最高的化学杀菌药剂有液体杀菌剂、气体杀菌剂和天然杀菌剂。液体杀菌剂的使用方法是对未加工的果蔬进行浸泡、喷雾或者喷淋，或者涂抹在鲜切加工表面起到抑制微生物的作用。食品工业使用最广泛的液体杀菌剂是含氯杀菌剂，这种杀菌剂不但造价低廉，而且有很好的杀菌效果；但是由于这种杀菌剂容易生成对人体有危害的副产物，目前欧洲很多国家已经明确禁止使用含氯的液体杀菌剂。所以，研发安全高效而且对人体无危害的杀菌剂，是未来果蔬微生物控制领域的发展趋势。

气体杀菌剂通过两种方式使用。第一种是直接将高浓度的气体杀菌剂熏蒸杀菌，或者将低浓度的气体杀菌剂加入空气循环系统中进行杀菌。第二种是将高浓度气体杀菌剂融入水或者其他溶液中，对原果蔬进行清洗去污或者涂抹于切面，进行二次洗涤。

（三）栅栏技术在食品包装中的应用

单一的对食品施以栅栏技术无法达到预期效果，所以经常结合对包装使用栅栏技术共同作用来抑制食品微生物的生长和繁殖。食品包装中的栅栏技术目的是在食品本身使用的栅栏技术的基础上，进一步提高食品的稳定性、安全性以延长食品的安全使用期。

在食品包装中使用的栅栏因子有：抽真空、充入特殊气体、气调包装等。抽真空即使用非透性材料，将食品与空气完全隔绝，食品无法接触空气中的氧气等成分而无法发生对应的化学反应，达到了延长食品保质期的目的。例如，新鲜肉类及制品中的脂肪无法与空气中的氧气接触，就不会发生脂肪氧化反应而发生腐败变质。充入特殊的气体主要是充入脱氧剂、防腐剂、吸湿剂和吸收剂等，当食物存储无法达到真空条件或者存储过程需要加入极低浓度的延期时，可以加入脱氧剂。气调包装通过调节包装内密闭的CO_2和O_2的含量比例，使其稳定在一个密闭狭小的空间内，达到延长食品保藏期的目的。①

（四）栅栏技术在调理食品中的应用

随着人类生活节奏越来越快，各种形式的方便食品出现在货架之上。现代方便食品也称之为速食食品和调理食品。第一代调理食品是速食食品，代表产物就是罐头食品。这是现代营养学、食品工艺学和食品微生物学、现代包装学的综合产物，其特点就是配方要求一定，从加工、生产、包装到物流运输、销售都有一整套一定的配方和工艺程序要求，具有省时、省事、随时随地方便取用的特点，所以深受广大消费者的欢迎。由于冷冻工业的

① 曹森，赵成飞等．自发气调包装对辣椒储藏品质的影响[J]. 食品工业科技，2017，（13）：11-12.

飞速发展，在结合传统第一代速食食品的基础上，出现了第二代现代方便食品——冷冻食品。这类食品比传统食品口感更佳，营养更均衡，又保持了速食食品的方便性，因此出现以来获得了迅速发展。这种新型调理食品的代表是真空调理食品，其最大特征是先包装、后加热蒸煮。新鲜的食品经过特殊工序调理后，在真空状态下包装，包装后，经过加热蒸煮变为熟食，冷冻后进入运输物流链销往各地。这一工序的实质性变化带来了完全不一样的结果，是栅栏技术的成功应用典范。

（五）栅栏技术在其他食品中的应用

栅栏技术不但在发酵食品加工中有着重要作用，而且在非发酵的食品加工中也被广泛应用。在意大利饺子和意大利面食品领域中，由于这些食品在加工过程中需要维持干燥的面食口感，所以使用的栅栏因子是降低水分子活度以及温和加热。

无发酵食品加工的食品包装也可以使用栅栏技术进行合理的包装，以达到保藏的目的。例如，在豌豆罐头的保藏方法中，使用气调包装改变包装内密封的气体成分；在豌豆罐头的包装过程中，使用热稳定性很好的细菌素乳酸菌链球菌为包装的栅栏因子。对于其他类型的罐头，一般通过加热和降低pH值两种栅栏因子控制罐头中微生物含量，但是这两种方法存在一个弊端，那就是无法完全一致耐酸；能够产生芽孢的梭菌属微生物的繁殖，如果再加入乳酸链球菌肽，则完全可以达到抑制效果。

三、栅栏技术展望

栅栏技术对食品微生物的控制以及保藏技术的发展起到的作用已经被成功验证。栅栏技术中的栅栏因子是研究栅栏技术的重要出发点，也是未来栅栏技术的研究方向。

目前，人们所用到的栅栏因子，单独作用时效果和原理基本已经被掌握，但是多个栅栏因子之间的互相影响机制、互相作用原理等还需要继续研究，多个栅栏因子不同排列工序产生的结果差异性、发生的本质原因也是下一步栅栏技术需要研究的重点内容。栅栏因子的数量随着食品微生物学研究领域的发展和日益深入会逐步增加，新型栅栏因子的研究和利用工作也是未来栅栏技术发展的方向之一；这些栅栏因子如何影响微生物内平衡、代谢活动能量如何消竭等，都是需要人类进行大量研究工作的关键点。

栅栏技术的发展前景必定十分光明，以扎实的理论基础、丰富的实践经验和现代加工管理控制技术为支撑的栅栏技术，必将成为未来食品保藏技术的理论依据和关键参数提供者。随着我国对食品加工以及食品安全的日益重视，栅栏技术在我国的食品保藏、食品质量提升、食品安全等领域的发展前景将会更加广阔。

第二节　良好卫生操作规范、危害分析和关键控制点体系

一、良好卫生操作规范（GHP）

良好卫生操作规范简称GHP，良好的卫生操作是保证食品安全的前提，它包括以下几个方面。

（1）水的安全：直接与食物和食物表面接触或者用于生产的冰和水处理，防止饮用水和非饮用水系统的交叉污染。食品企业必须在适宜的温度下保证足够的饮用水资源，储水槽内应该经常检查以保证清洁，不存在交叉污染。当水与食品或者食品表面接触时，生产和存储必须卫生，输送管道必须经常检查，判断是否有渗漏或者造成交叉污染。

（2）食品接触表面的状况及清洁：设计、工艺、原料、维护保养、清洁和卫生、手套和衣服。食品接触表面在预备加工前或使用结束后或使用中断时，为了安全，需要清洁，必须时进行消毒。

（3）设计与安装方面：食品接触表面设备的设计和安装应易于清洁，设备应无粗糙焊缝、破裂或者凹陷，以防止细菌免于清洗或接触不到消毒剂。

（4）设备材质方面：设备必须使用适宜的材质，原则是不能和被加工的食物发生任何反应，一般会选用304、316不锈钢材料。

（5）防止交叉污染：防止交叉污染涉及厂房的设计、人员的卫生操作规范、原料和熟食产品的物理性隔离等。

（6）手的清洗和消毒设备、厕所设备的维修。

（7）防止污染物的混入。

（8）有毒化学物质的使用、标识和保存。

（9）人员健康。

（10）害虫的控制。

二、危害分析和关键控制点体系（HACCP）

（一）HAPPC的原则

在HACCP的体系中，有七条原则共同构成了HAPPC的实施基础。

（1）危害分析后，必须提出相应的预防措施。

（2）关键控制点的确定。

（3）关键界限的建立。

（4）对关键控制点进行监控。

（5）根据反馈，对实施措施进行必要的修正。

（6）对保持程序进行时间段的记录工作。

（7）通过记录工作结果，对程序进行进一步验证。

HACCP系统并不是被单独使用的，在美国，都是与GMPS和SSOPS系统综合起来使用，共同构成一个较完整的食品安全体系，只不过侧重点不同。HACCP的侧重点在于食品企业经营活动，从生产、加工、包装到仓库存放、运输、销售的每一环节。每个环节必须从物理、化学、生物三个方面进行危害分析，危害分析的过程中必须提出相应的预防措施。通过分析危害和提出预防措施，可以找出控制危害的关键点所在；对这些关键点进行关键界限的划分，明确各个关键点的影响方式、影响范围和影响强度。再就是对这些关键点进行监控，在实际的运作过程中，通过监控反馈的数据及情形，反向逆推预防措施和实施措施需要修正改进的地方。以此为基础形成一整套控制程序，保持一定时间段内此套控制程序的运作并进行监控记录工作，经过监控记录的结果反馈，对控制程序再次进行逆向改进。可以得知，HACCP是一套科学的、完整的、有反馈的开放系统，具有自身调节、完善、提高、改进功能的智能化系统。

（二）HACCP体系的优点

HACCP体系具备以下几点优势。

（1）重点从识别食品污染源向预测食品污染风险发展，弥补传统食品安全控制的不足。传统食品安全控制重点在检测而不是预测。

（2）由于长期开展记录工作，所以保存有完整、真实的第一线数据资料，对今后开展的研究调研工作有着极大的帮助，可以大幅度提升统计效率，帮助权威机构开展调查工作。

（3）能够提前识别存在的危害隐患，对新工序和保藏方法有特殊的鉴定意义，即使是历史上未曾失效的方法。

（4）拥有科学的反馈机制，可以允许较大的弹性变化，帮助在设备设计、加工程序提高等方面进行改进。

（5）作为一套标准化体系，可以提高食品企业的市场竞争力，提升在食品安全方面的信誉度和安全感，促进贸易达成。

（6）通过对食品最终产品的检验，达到控制生产环节潜在危害的目的，使用较少资源达到最有效的目的。

（三）HACCP的实施

HACCP已经被世界卫生组织食品法典委员会和FDA批准为控制食源性疾病最有效的控制措施，是决定食品安全性的基础措施。相较于传统的食品安全控制方法，HACCP的实施过程更加谨慎，最终食品的检验方法也更加可靠。HACCP体系实施过程一般由下列部分组成。

首先，对从原料采购到产品加工到销售的每个环节有可能出现的潜在危害，进行分析和评估。

其次，根据分析和评估结果，设定该食品从原料采购到最终消费的全过程潜在危害的关键控制点。

最后，建立一套能够有效监测关键控制点的程序设定。

通过对关键控制点的监测，避免由于批量生产后食品安全检测不合格引起的大量损失。HACCP体系不但可以应用在食品企业中，在日常家居生活中也可以应用。通过适当的储存、处理、清洁和烹调等程序，将从商店购买的原材料（例如肉类和家禽、果蔬等）进行食品微生物处理，直至最后到餐桌的全部过程，都可以依照HACCP体系控制食品致腐菌、致病菌的种类和数量。

第三节　食品微生物检验的局限性

食源性疾病是危害人类健康的主要因素之一，主要由微生物和化学物质引起。其中，微生物所引起的食源性疾病占到一半以上的比例，在食品原料采购、加工制作、储存、运输、销售等环节都有可能会遭受微生物的污染。因此，如何快速、准确地检测出致病微生物，并对食品的卫生质量做出评价，已成为控制食品安全问题的关键。

食品微生物检技术主要是生物培养和生理生化实验，所以存在着以下局限性。

第一，操作步骤烦琐，检测周期长。微生物检验无菌操作的注意事项有很多细节，日常的微生物检验过程中要注意无菌操作，除了要对洁净台和操作器皿上的消毒，还需要注意人员卫生和环境的卫生。如果由于操作过程没有严格按照操作步骤进行或者操作失误引起微生物感染等，大多数情况需要重新开始检验；并且有些细菌的培养周期和检测周期较长，耗费较多的人力和物力。

第二，无法对难以检测的病菌进行检测。由于一些微生物需要的生存环境比较特殊，实验室不能完全模拟出需求的培养环境（比如一定的温度、水分、氧气浓度），还有食物（以其他菌种为食）繁殖期不连续、休眠期较长等，所以难以成功培养或者检测。

第三，一些简单的分子生物学和免疫学假阳性率较高。下列原因都可能导致假阳性较高的微生物出现，从而为其检测增加了难度。

（1）染色过程中切片干燥或洗涤不彻底。

（2）加入抗体浓度过高。

（3）缓冲液中未加入氯化钠或pH值不准。

（4）抗体孵育时间过长。

（5）黏附剂太厚。

（6）过氧化物酶显色时，H_2O_2浓度过高，显色速度过快。

（7）使用已变色的显色底物或显色时间过长。

所以，建立现代化的食品生物检测技术势在必行，而寻求方便、快速、灵敏、准确的微生物检测方法也成为各国科研人员研究的热点。

第四节　制订控制措施

为了延长食品的保质期，人们使用了各种各样的控制措施来抑制微生物的新陈代谢过程，传统的控制措施手段主要有腌渍、晒干、发酵等手段。随着现代工业的发展以及冷冻技术的进步，新型的控制措施手段也越来越多，例如化学生物技术、低温技术、加热处理技术、气调保藏等；这些新的控制措施不断在实践中被成功应用，推广范围也越来越广泛。

一、发酵

通过发酵手段控制食品的安全保质期，在东方食品保藏历史上甚为流行。因为发酵不但可以达到食品保藏的目的，而且还会形成一些独特的口感效果，例如酸奶、酒类、酱油、醋、豆豉等。从广义的角度来讲，凡是利用微生物作用制取的食品都属于发酵食品。发酵食品不但制作成本低，而且能够提升食品的营养价值并附加特殊的风味，所以被广泛研究应用。

我国是最早使用发酵来控制食品保藏期限的国家。在我国，发酵食品来源十分广泛，肉类、果蔬、乳类、植物等都可以经过发酵处理，例如肉类制作成火腿，果蔬制成酱腌菜，乳类制成酸奶等。近代食品微生物学领域对发酵经过一系列科学严谨的研究结果表明，发酵食品营养保健性能和独特的风味特征可以达到安全方面的要求。但是，发酵生产技术水平还有待提高。

（一）发酵剂制备技术

有些发酵过程需要发酵剂参与，而有些发酵过程完全不需要发酵剂就可以进行。不需要发酵剂参与的发酵过程使用空气中或者原材料表面的微生物群直接接种发酵，例如豆腐乳、豆豉、酱腌菜等。需要发酵剂参与的发酵过程则需要先制作发酵剂，再将发酵剂添加至原料中进行发酵反应，例如酒类、酱油等制作时要求的酵曲等。①

随着现代微生物学以及发酵技术的发展，越来越多的纯种发酵剂被发现和利用。例如制作酸奶是直接投入纯种酸奶发酵剂，制作腐乳和泡菜是直接投入纯种毛霉发酵剂。这些发酵剂被直接投入使用，称为直投发酵剂。发酵剂作为发酵最重要的一个环节，其制备至关重要，许多风味和口感独特的食品就是因为其独到的发酵剂参与了其中的发酵反应。而且原本较复杂的自然接种发酵过程也向着纯种发酵剂使用的方向发展，试图通过使用单一的纯种发酵剂完成原来的自然接种发酵过程。

（二）发酵控制技术

预处理是发酵的技术控制程序中的一个重要环节。有很多传统的发酵食品需要进行预处理后再进行下一步的发酵反应。例如酿酒、制醋和酱油、豆豉等，需要先将原材料谷物和豆类进行熏蒸煮熟，以方便下一步微生物的利用。我国的发酵控制技术还停留在半自然控制、半人工控制的阶段，如酱油的发酵生产中，发酵容器大多已经从缸改变为水泥池子，可以更加方便快捷地采用浸泡淋油法取油，但仍然和国外整条发酵链都实现自动化的技术相比较，还有很大的发展改进空间。

（三）发酵后处理技术

很多发酵食品在经过发酵后还无法直接使用，需要增加一系列后续处理才能够投入使用，这些后处理技术包括陈酿、灭菌和脱盐等。

刚刚发酵结束的食品在一定条件下发生某些生物化学反应的过程就是陈酿，陈酿的目的是让经过发酵处理的食品，在特定条件下发生某些生物化学反应，经过陈酿处理后，口感风味更加柔和、醇绵和协调。譬如酒类、醋等为了使其口感更好，通常需要较长时间的陈酿。为提高生产企业

① 康臻．食品分析与检验[M]．北京：中国轻工业出版社，2008，第172页。

效益，就需要缩短陈酿时间，于是很多学者设想用一些化学的方法和物理的方法来催陈，并且取得了一定的成绩。

某些发酵食品发酵后，常常是通过加热和化学灭菌来进行杀菌处理，但这两种方法的不足之处是会破坏发酵食品的风味，并损失某些营养成分。为了解决这一难题，在发酵食品杀菌处理中引入了一些现代物理技术。Yang等用射线对12种酱油进行灭菌，研究发现，用1kGy的剂量就可杀灭所有大肠杆菌，将剂量增加到5kGy可使菌落总数达到国家标准以下，要杀灭全部细菌需要10kGy以上的剂量。[①]报道显示，在5～7kGy剂量处理时，酱油的化学成分——还原糖、游离氨基酸及醇、醛、酯等低沸点香味物质含量均显著增加。

现代研究认为，长期食用高盐食品对健康不利；与此同时，我国传统发酵调味品通常含盐量很高，盐在自然发酵过程中可以控制某些微生物的生长繁殖，如酱油含盐量常达18%～20%（*W/V*）。Luo等将纳滤技术用于酱油脱盐处理，在脱盐的同时保留了酱油的营养物质，如氨基酸和风味物质。

二、腌渍

腌渍食品是用食盐或食糖腌渍食品，同时这也是一种行之有效的食品保藏技术。腌渍食品根据制作原料的不同，可以分为果蔬酱腌制品和腌肉制品两大类，其中果蔬酱腌制品又分为果蔬糖制品、泡菜类、腌菜类和酱菜类。[②]中国的腌渍食品的生产技术与国外飞速发展的腌渍食品加工相比，需要改进之处在于其中的含盐量。通常把含盐量在7%以下、可供消费者直接食用的腌渍菜，统称为低盐腌渍菜。现代医学证明，食用高盐度食品容易引发人类心脑血管疾病，加重高血压，引发肾脏疾病和加重糖尿病病情，加剧哮喘，引起消化系统的疾病。所以食品的低盐化与人体健康息息相关。据美国哈佛医学院的研究表明，减少盐的摄入量具有降低血压、减少心血管发病的长期风险等功效，低盐饮食组的心血管疾病发病风险降低30%。

我国传统意义上的腌渍蔬菜，为了得以较长时间地保存，通常含盐量较高，在13%～15%。发展低盐化腌渍菜是一种趋势，其主要出于两方面原

① 邵磊，贾惠等．青霉素发酵消毒过程中余热利用分析[J]. 化工管理，2017，（8）：64-65.
② 刘用成．食品微生物检验[M]. 北京：中国轻工业出版社，2012，第98页。

因。一是高盐腌渍菜已难以满足人们对健康饮食的需求。按照世界卫生组织的建议，一般成人每日的盐摄入量在3～5g有益健康，显然，人们对健康饮食的需求已成为腌渍菜低盐化发展的必然要素之一。二是高盐度腌渍菜容易产生发苦的咸味。当这种咸味表现得特别强烈的时候，其他物质的风味将被掩盖或淡化，以致难以感觉出不同产品的特点。食品风味的多样化和系列化也将推动腌渍菜的低盐化。

（一）低盐化与风味

低盐化主要影响的是微生物的渗透压，在低盐化过程中，渗透压的降低减少了乳酸菌和酵母菌本身具备的抑制作用，加速了发酵过程的进行，而且色泽、口感和味道得到了改善。例如，榨菜在制作腌制过程中，利用低盐改变细胞的渗透环境，能够使榨菜中的苦涩物质和黏性物质由于渗透压作用排出，提高榨菜的色泽透明度以及口感味道。

（二）低盐化与腌渍菜的脆度

腌渍菜有一个重要的质量评定指标，就是在腌制过后的脆性，脆性不能太高也不能太低，所以在低盐化过程中能够保持其所需要的脆性口感是十分重要的。与脆度相关的是食物本身所含的果胶含量，果胶含量越高则脆性保持越好，反之则越差。如果使用加热手段进行杀菌处理，则腌渍菜的口感则会变得松软、没有脆性，所以通常在食品原料的微熟期就提前采集，以最大限度保持其果胶含量，同时减少由于机械操作对原料造成的损伤而影响果胶酶的活性，避免果胶发生水解反应。

另外一种方法是在腌渍过程中添加保脆剂，例如添加$CaCl_2$等，在腌渍过程中添加浓度为0.10%的$CaCl_2$可以保证在低盐化控制渗透压、保证食品微生物数量的同时提高食品脆度，提高口感。

腌渍菜中的腌渍液的pH值和浓度也会影响腌渍菜的脆度，所以可以通过调节腌渍液来改变腌渍菜的口感脆度。腌渍菜中的果胶生存环境pH值为4.3～4.9，高于或者低于这一范围都会激化果胶的水解过程。果胶的水解度与腌渍液的浓度成反比，所以可以通过提高腌渍液的浓度来降低果胶的水解活跃程度。

三、烟熏

烟熏食品以其独特的色泽、香味和口感深受广大消费者的喜爱，而且不同国家和地区的人们都有着一套独特的制作烟熏食品的方法，因此出现了很多种有独特特色的烟熏食品。

烟熏食品主要是烟熏肉制品，在制作烟熏肉制品时，先将经过腌制的肉制品置于烟熏室内，再使用熏材进行缓慢熏制或者不完全燃烧产生大量的烟气，对肉制品进行烟熏处理；烟熏过程中要维持烟熏环境一定的温度，使肉类变干燥的同时吸收烟气成分；肉类在烟熏过程中含水量会降低到要求的程度，微生物水活性降低，所以延长了食品的货架寿命期。

烟熏食品面临的一个问题就是经过烟熏处理的食品会含有多芳烃发化合物PAHS等一系列污染产物，这些污染产物具有致癌性，而且易使人和动物发生畸形突变。由于这些显著的危害性，目前很多国家已经将烟熏食品列为重要的物质检测对象。通常采用下列方法来降低烟熏加工生成的有害物质。

（一）选择优质辅料和熏料

对辅料的要求是尽量选用优质原料肉和调味料、香料等。对熏料的要求是含水量少、没有发霉变质并且没有异味，尽量选用含树脂少的硬质熏料和已形成商品标准化的复合物熏料。熏料不同，熏制的残留量也不同。

从烟熏的整个工序考虑，在保留传统烟熏制品风味和口感的基础上，结合现代新工艺和新设备，改进烟熏的加工程序，控制每一步加工程序，通过必要的净化手段，减少烟熏制品中的PAHS或者其他危害物。

（二）采用间接烟熏方式

传统烟熏加工工艺通常是通过熏制室产生的烟直接对食品进行熏制，这个过程中容易使炭火与食品直接接触，损害食品表面或者食品本身，使口感、味感改变，还会增加食品的污染微生物。

使用间接烟熏可以避免直接烟熏带来的危害，而且效果相同。间接烟熏法使用现代的工业炉，炭火在外部并且设置有烟发生器，熏烟在进入熏制室时候经过过滤去除。常用的去除方法有粗棉过滤法、静电沉淀法、冷却冷凝法等。这种方法有效降低了PAHS的污染程度，将熏制食品对人类身体健康的危害降低。

（三）烟熏温度和时间控制

在烟熏过程中，脂肪、蛋白质及其他有机物在一定的温度条件下发生分解、环化和聚合反应，产物为多环芳香烃。烟熏温度和多环芳香烃呈现反比关系，烟熏温度越高生产的多环芳香烃数量越多，所以需要将烟熏温度控制在熏制温度和芳香烃产量都能够接受的范围内。另外，在温度确定的熏制条件下，熏制时间越长，熏烟向食品内部渗透量就越多。通过研究表明，在烟熏的肉制品中，附着在食品表面的B（a）P在1.5mm厚度内含量为90%；但是经过40d时间后，内层的含量升高到总量的40%～45%，使得食品污染更加严重。

（四）液熏法取代木熏法

液熏法的优点是在保持了传统熏制食品风味口感的前提下，有效减少了PAHS等有害物质的产生，并降低了大气污染物的排放。液体烟熏法是以天然植物为制备原料，经过干馏、提纯、精制等一系列手段制取而成。液体熏液中主要包含的是碳氢化合物、酚类等烟雾成分，主要用于熏制鱼类、豆制品类等食物。

四、低温保藏

食品发生腐败变质所进行的微生物生长繁殖活动需要两个前提。第一，足够的营养物质。这些营养物质主要由食品本身提供，例如脂肪、蛋白质、碳水化合物等，食品本身就是微生物生长繁殖的场所。第二，适宜的环境条件，包括温度、湿度、光照强度、光照时间、含氧浓度等等。低温保藏的基本思路就是控制微生物生长所需要的温度条件。在低温环境中，微生物内部的细胞活性、酶的活性都会降低，新陈代谢活动减缓，微生物的种类和数量只能维持到一定的水平，无法继续增加，达到了食物保藏的效果。

低温保藏手段是被认为目前食品保藏手段最优的几种手段之一，不但可以较长时间内保证食物的色泽、香味、口感和外形等，而且能够有效防止食物腐败变质，延长食品的保藏期。

五、干燥保藏

食物干燥的物理学本质是其中的水分吸收足够的能量向外面环境中转移的过程，这样食物含水量就会越来越低，达到最终干燥保藏的结果。通过干燥保藏技术的作用，食品中的水分子活动含量降至较低的水平，使微生物的新陈代谢活动无法顺利进行，使食品在一定的期限范围内不受微生物的腐败变质反应影响；与此同时也间接控制食品微生物的其他生化反应的进行，保持食品原有的品质和结构，使其不发生变化。

目前，使用的食品干燥保藏方法主要有两类。第一类为天然干燥法，即食品经过太阳照射、吸收能量，使内部温度逐渐升高，水分子变为气态游离，离开食物或者食品经过风干甚至是利用寒冷的外界温度，使食品中的水分凝结再通过冷融循环而除去水分。第二类为人工干燥法。人工干燥过程主要依靠特殊的装置设备对工艺条件进行调节，使食品的水分脱离变干燥。人工干燥根据热量交换方式和水分除去方法的不同，主要分为对流干燥法、真空干燥法、辐照干燥法和冷冻干燥法等。干燥保藏方法由于操作费用低、使用安全性高的特点，而且由于经过干燥后食品的体积变小、质量变轻，容易进行包装运输，所以被广泛应用于食品保藏的各个领域。

第三章
食品微生物检验样品制备

第一节　食品微生物检验样品的采集与处理

一、样品采集与处理的基本要求

（一）环境与设施

样品采集与处理对环境与设施的基本要求如下。

（1）实验室的外部环境不能够影响检验结果的准确性。

（2）实验室内必须明确划分实验区域和办公区域，不得混用。

（3）实验室的整体布局要求为单方向工作流程设计，以避免反向的交叉污染，实验室的工作区域面积和总体布局都要满足检验工作的需求。

（4）实验室内的自然环境（包括温度、湿度、光照强度和时间）以及清洁卫生程度都要满足工作要求。

（5）实验检定区域必须有明确的标志，食品样品检验必须在清洁区开展。

（6）致病菌微生物的分离和鉴定工作必须在二级及以上的有资质的生物安全实验室开展。

（二）检验人员

样品采集与处理对检验人员的基本要求如下。

（1）必须具备相应的受教育程度或者经过微生物专业培养，具备对应的素质和资质，能够准确理解和正确实施实验过程。①

（2）检验人员必须掌握和遵守生物实验室检验的相关安全操作规定和消毒知识。②

（3）检验人员必须保持良好的个人卫生，以免人为对实验过程造成污染。

（4）检验人员在实验过程中必须严格遵守相关的安全规定，确定保证自身安全。

（5）有疾病缺陷的人员禁止执行相关检验实验，例如有红绿色盲症的禁止进行涉及辨色识别的检验内容。

---

① 王廷璞，王静．食品微生物检验技术 [M]. 北京：化学工业出版社，2014，第 36 页。

② 刘素纯，贺稚非．食品微生物检验 [M]. 北京：科学出版社，2013，第 74 页。

（三）设备

样品采集与处理对设备的基本要求如下。

（1）检验设备的选用应该能够满足实验过程的需要。

（2）检验设备必须按照实验室的相关规定放置于清洁、干爽的位置。并且要便于维护、清理、消毒以及校准工作的开展。

（3）检验设备要在规定时间内定期进行标定、检定工作。

（4）检验设备在使用过后，要做好相关的使用记录工作。

（四）检验用品

样品采集与处理对检验用品的基本要求如下。

（1）经常使用到的检验用品主要包含有：药匙、消毒棉球、硅胶（棉）塞、微量移液器、吸管、接种环（针）、酒精灯、镊子、剪刀、吸耳球、微孔板、广口瓶、量筒、玻棒及L形玻棒、试管、平皿等。

（2）检验用品在使用前必须通过必要的消毒方法进行消毒灭菌处理，以保证其清洁性和无菌污染性。

（3）经过灭菌消毒处理的检验用品，应确保该检验用品在特定容器内或者使用合适的材料进行了包裹或者加塞处理，使灭菌消毒效果达到所要求的目的。

（4）从节约成本的角度出发，允许使用一次性检验用品代替会反复使用的检验用品，如培养基、试管等。

（5）检查用品必须分类存放于干燥清洁的环境中，经过消毒灭菌的和未经消毒灭菌的用品要标识好、分别单独存放。

（6）检验用品灭菌消毒过程中，要准确记录其灭菌消毒的温度和持续时间。

（五）培养基和试剂

样品采集与处理对检验用品的基本要求如下。

（1）培养基。培养基的制备和相关参数的控制按照GB/T 4789.28标准执行。[①]

（2）试剂。检验试剂的选用无论从质量还是配置，都要求适用于相关检验的要求。另外，如果试剂对整个检验实验的结果有重要影响，则需要首先对试剂进行实用性实验验证。[②]

---

① 曾小兰．食品微生物及其检验技术[M]．北京：中国轻工业出版社，2010，第69页。

② 张伟，袁耀武．现代食品微生物检测技术[M]．北京：化学工业出版社，2007，第107页。

二、样品采集

（一）采样原则

采样原则如下。

（1）制订采样方案时，需要综合考虑检验目的、检验对象特点、涉及微生物的危害程度等各种因素。

（2）为了使采样结果具备代表性，采样机制使用随机采样原则进行。

（3）整个采样的过程必须在无菌的清洁环境下进行，杜绝一切潜在的外来污染元素。

（4）采样样品在采集过后的保存和运输过程中，必须采取一定的保护防止措施，杜绝样品中原有微生物的种类和数量发生变化，一定要保持原有状态。

（二）采样方案

采样方案的类型有两种：二级采样方案和三级采样方案。二级采样方案有n、c和m三个参数，三级采样方案在此基础上多出一个M值参数。n、c、m、M代表的意义如下所示。

n值：同一个批次下应该采样的数目。

c值：在可接受范围内超过m值样品数的最大值。

m值：微生物的相关指标达到可接受的极限值。

M值：微生物的相关指标达到最高安全要求的极限值。

不同食品的采样方案按照相应产品中要求的采样方案执行。

食源性疾病和食品安全事件需要的样品采集方案有两种情况。食源性疾病和食品安全事件如果是由于工业化的批量生产加工引起的，食品样品的采集和判定依据上述采样方案进行。另外，必须对现场剩余食品进行采样处理。食源性疾病和食品安全事件如果是因为餐饮单位或者家庭烹调引起的，食品样品采集方案按照GB 14938的规定要求进行取样，以满足病因判定和病原菌确定。

（三）不同种类食品的采样方法

不同种类食品的采样有不同的采样方法，但是采样工具和容器都必须符合无菌、干燥、防漏等要求，形状和大小要适宜。

如果取样目标是即食类预包装食品，则取相同批次下的最小零售原包装食品。保证包装完整未拆封，没有被污染。

如果取样目标是非即食类预包装食品，当食品类型是原包装≤ 500g 的固态食品或体积≤ 500ml 的液态食品，取相同批次下的最小零售原包装；

当食品类型是≥ 500ml 的液态食品，需要在采集前摇晃食品或者使用无菌搅拌棒搅拌均匀，同批次下取用 n 个容器中采样 5 个或者 5 个以上的样品进行检验；当食品类型是≥ 500ml 的固态食品，需要采用无菌采样器从同一批次下、同一包装食品的不同部位分别进行采样处理，采取满足检验实验要求的总量，然后放入同一个无菌采样容器中。

如果取样目标是散装或者现场制作的食品，则需要该检验食品的检验种类和检验方法规定的内容，使用无菌采样器现场分别采样5个或5个以上的检验单位的检验样品，并保证采样总量满足食品微生物检验实验的总量要求，然后放入采样容器内。

如果食品取样是为了检验食源性疾病或者食品安全事件，则采样量必须满足完成相关检验判定的实验总量需求。

（四）采集样品的标记

样品采集后必须对其详细分类，及时记录和标记。内容包含采样人、采样单位、采样地点、采样时间、采样来源、批号、数量、保存条件等信息。

（五）采集样品的贮存和运输

采样完成后，必须在保证样品存储条件接近于原存储环境的前提下，尽快运送到实验室，开展相关检验实验。如果无法第一时间运送，则应考虑在接近原有存储条件下存储时限等问题。

三、样品检验

（一）样品处理

实验室接受送检的样品后，必须进行详细完整的记录，核对检定信息后方可接受。

实验室接受送检的样品后，要尽快组织开展检验实验。如果不能及时进行实验，必须采取必要的措施，保证送检样品能够维持原有状态，防止送检样品中的微生物群因为客观条件而发生了变化。

冷冻食品检验之前，必须在45℃以下不超过15 min，或2 ~ 5℃不超过18h进行解冻后，方可进行相关检验实验。

（二）检验方法选择

检验方法首选国家规定的且现在有效的标准检验方法。

如果在食品微生物检验的标准方法中，同样一个检验项目有着两种或两种以上的标准检验方法，则以常规培养方法作为标准检验方法。

如果在食品微生物检验的标准方法中，同样一个检验项目有着两种或者两种以上的定量方法，则以平板计数法作为基准检验方法。

四、生物安全与质量控制

（一）生物安全控制要求

开展食物微生物检验实验必须符合GB19489中对生物安全控制的规定。

（二）质量控制

实验室必须按照规定，定期对实验中用到的菌株、培养基、试剂等进行阳性、阴性、空白对照。

实验室必须按照规定，定期对重要的检验设备，尤其是自动化检验仪器进行对比校正。

实验室应定期对实验人员的技术能力进行考核和人员之间检验结果的相互比对。

五、记录与报告

（一）记录

在检验过程中，实验检验人员要对实验现象、实验过程、实验结果和实验所得数据信息进行全面真实的记录。

（二）报告

实验室必须按照相关检验方法的规定，准确、客观地完成每一项检查实验的报告。

六、检验后样品的处理

在最终的检验报告出来后，被检验的样品才能处理。检验实验过程中被检验出的致病菌样品必须无害处理。

检验报告结束后，剩余样品或者同批次样品不得再用于微生物项目的复检工作。

第二节　饮用水的卫生要求及水样的采集与处理

一、水样采集与处理

（一）生活饮用水

第一步，使用灭菌吸管吸取1ml待检水样。

第二步，营养琼脂培养基加热融化后吸取15ml，然后冷却到37℃，制作两份，其中一份作为空白参照物。

第三步，将第一步制得的水样注入到第二步的琼脂培养基中，摇晃至混合均匀。

第四步，混合液冷却凝固后，倒置平皿底部朝上，（36 ± 1）℃培养48h。

第五步，菌落计数。

（二）水源水

第一步，在无菌环境下，吸取1ml混合均匀的水样，将其注入到9ml灭菌生理盐水的试管中，制成1：10的混合稀释液。

第二步，吸取1：10的混合稀释液1ml再次注入到9ml的灭菌生理盐水试管中，混合均匀制成1：100的混合稀释液。以此类推，制成1：1000、1：10000的均匀稀释液。在吸取过程中，每吸取一次则必须更换一次1ml灭菌吸管。

第三步，使用灭菌吸管吸取未经稀释的水样和2～3个适宜稀释度的水样各1ml，分别注入到灭菌平皿内部，接下来的操作按照生活饮用水检验步骤进行即可。

二、菌落计数及报告方法

在进行平皿菌落计数时，如果其中一个平皿有较大片的片状菌落，则放弃使用，只对分布清晰、均匀的平皿进行计数统计，如果肉眼直接观察困难时，可以通过放大镜进行计数。在完成各个平皿的菌落计数后，求出稀释度的平均菌落数，作为下一步计算的基础。另外，如果片状菌落分布在平面皿的一半区域，则通过计数另外一半平面皿的菌落数再乘以2，作为整个平皿的菌落总数使用。

三、不同稀释度的选择及报告方法

选用平均菌落数在30～300的平皿计算，如果只有一个稀释度的平均菌落数在此范围之内，则将该菌落数乘以稀释倍数报告。

如果选用的两个稀释度生长的菌落均在30～300的范围内，通过二者的比值而定，如果比值＞2则报告二者之中稀释度较小的菌落总数，如果比值≤2则报告二者的平均数。

如果所有稀释的平均数都大于300，则报告稀释度最高的平均菌落数的结果。

如果所有稀释度的平均数都小于30，则报告稀释度最低的平均菌落数乘以稀释倍数的结果。

如果所有稀释度下的平均菌落数都不在30～300范围内，则报告对象选用最接近30或者最接近300的平均菌落数乘以稀释倍数。

如果所有稀释度下的平皿上都没有出现菌落，则报告结果为未检出。

如果所有的平皿上的菌落都分布密集，无法计数，报告结果不可以“无法统计”报告；应该选用稀释倍数最大的平皿，任意选取其中2个单位面积$1cm^2$统计出菌落数，乘以平皿底部面积$63.6cm^2$，再乘以稀释倍数进行报告。

在报告菌落计数结果时，如果菌落数在100以内时，按照实际统计结果进行报告。如果菌落数大于100时，采取报告两位有效数字的方式，两位有效数字后面的数字可以使用四舍五入的方法计数；考虑到缩短数字长度便于读取，可以使用指数形式报告。

四、防止饮用水污染的措施

防止饮用水污染的主要原则是禁止腐烂的微生物进入到饮用水源，例如腐烂的动植物尸体，因为这些会带来致病菌、致毒菌的大量繁殖生长，引起水污染。另外，由于水源、水处理系统、工厂用水和居民生活用水等用途不同，对水污染的控制和处理方式也不同。

（一）水源控制

饮用水企业尤其是矿泉水企业对水源控制的要求是最为严格的，因为这些企业的取水水源多为自然保护区的水源，水质保存较好但也容易受到污染，所以需要饮用水企业或者矿泉水企业对水源中的微生物长期进行严格的监测检验。如果在监测过程中怀疑已经发生微生物污染，按照规定，需要在出水管和套管中注入活性二氧化氯原液，经过24h浸泡后，排出允许开采量，连续抽水，排尽残留药液。

（二）水处理系统控制

水处理系统设计的目的在于能够使经过处理后的水质更加清洁、安全、符合更高级别的饮用水安全卫生要求，较原水质更好。水处理系统一般都包含有过滤器、滤芯、滤网等，对其进行定期维护，检验滤膜性能，反复冲洗消毒，定期更换滤膜、滤网等。整个系统的管路系统可以通过100mg/L二氧化氯溶液，浸泡2h后，再用清水彻底冲洗干净即可。

（三）水企业卫生管理

工人工作服、工作帽等定期使用250mg/L的二氧化氯，浸泡30min后，洗净晾干，穿戴前再经过紫外线灯照射30min杀菌消毒；操作人员上岗时，必须经过专用消毒剂洗手消毒。

（四）质量检验

对饮用水从取水到消毒、生产、装罐、包装等每个环节进行严格监控，质量检验需要经过具备专业检测能力的检测人员和检测设备定期进行检查，并长期在线监控。检测设备和实验设备需要定期进行校验标定，使饮用水水质完全达到国家的卫生标准。

（五）自来水微生物污染监控

自来水微生物污染监控主要是从两个方面进行：第一，自来水水体本身；第二，自来水供水管网。自来水水体本身消毒主要是依靠消毒剂进行，消毒剂不但要求可以杀死水体中的病原微生物，还要求能够有效控制病原微生物的生长，防止微生物迅速再生对管网和二次供水进行污染。另外，需要加强水质的管理，定期进行消毒并对消毒效果进行持续监控。管网系统也需要日常管理到位，定期进行检修，定期清洗蓄水池和水箱等设备，并消毒处理。如果是二次供水，则需要在二次供水出口处安装净水设备和消毒设备，对二次供水系统的微生物监测要求要更加严格。

第三节　生产环境的卫生标准及空气样品的采集与处理

在正常情况下，生产环境的卫生标准及空气样品采集需要每周进行一次。在发生以下情况下时，则必须进行生产环境卫生标准检验及空气样品采集和检验。

第一，车间由于生产需求，改变为与上次生产产品不同的卫生要求的产品时。

第二，在加工生产活动前进行空气样品采集和检验。

第三，生产线全部员工统一放过长假后复工，进行空气样品采集和检验。

第四，产品检验结果超过内部定制的标准后，需要对可疑区域进行空气样品采集和检验。

第五，新产品实验阶段，必须按照对应的实验规范，定期进行空气样品采集和检验。

为了使生产的食品达到食品安全方面的规定，不只要进行生产环境中空气的采集取样和检测，还要对生产过程中食物可能接触到微生物污染的其他区域进行卫生安全要求，并取样检验。例如，工厂还要对生产环境中的病原微生物进行采集和检验，采集检验的主要目标是生产区域内的李斯特菌、沙门氏菌、金黄葡萄球菌等致病菌，主要采集区域为供水系统、排水系统、墙壁、设备运行区域、传送带、冷藏区域、维修区域等。检验频率为每个月两次，每次对各个区域选取5个检测点进行采样检测。如果初次检测结果显示某一区域出现了致病菌，则应该对整个环境中的相似点加大检测频率。在把所有的预定点检测完后，应该对环境中的病原微生物的存在状况进行全面评估，在下一次环境检测循环过程中加强检测容易出现病原体的环境点，以达到持续改进的目的。①

第四节　食品生产工具样品的采集与处理

一、食品生产工具样品采集的要求

如果没有发生特殊情况，按照正常的生产状况要求，必须每周进行一次食品生产工具样品采集并检验。

二、采样方法

使用经过灭菌生理盐水灭菌消毒的棉签在食品生产工具表面涂抹10

① 兰建丽，粘靖棋等 . 浅谈食品生产环境中霉菌的分析和控制 [J]. 中国信息科技，2014，（10）：44–45.

次，涂抹范围控制在25cm^2。去除掉涂抹过程中手部接触的棉签部分，将剩余部分放入含有10ml灭菌生理盐水的采集试管内送检。

在棉签擦拭过程中，要保持棉签随时转动，以保证擦拭区域微生物附着的准确性，并且对每个擦拭点都要做详细记录，内容包括擦拭场所的具体位置、擦拭时间、擦拭区域的消毒时间等信息。①

三、处理方法

（一）细菌总数测定

第一步，在无菌环境下，吸取1ml混合均匀的水样，将其注入9ml灭菌生理盐水的试管中，制成1：10的混合稀释液。

第二步，吸取1：10的混合稀释液1ml再次注入9ml的灭菌生理盐水试管中，混合均匀制成1：100的混合稀释液。以此类推，制成1：1000、1：10000的均匀稀释液。在吸取过程中，每吸取一次则必须更换一次1ml灭菌吸管。

第三步，使用灭菌吸管吸取1ml稀释液。

第四步，营养琼脂培养基加热融化后吸取15ml，然后冷却到37℃，制作两份，其中一份作为空白参照物。

第五步，将第一步制得的水样注入第二步的琼脂培养基中，摇晃至混合均匀。

第六步，混合液冷却凝固后，倒置平皿底部朝上，（36±1）℃培养48h。

第七步，菌落计数。报告结果，报告每25cm^2食品接触面即食品生产工具样品25cm^2范围内的菌落数。

（二）大肠菌群测定

1、平板法

（1）加样。使用经过灭菌的吸管吸取1ml稀释度为1：10和1：100的混合稀释液，注入灭菌平皿之中，倒入约15ml并且已经融化过冷却到37℃左右的营养琼脂培养基，然后旋转摇晃平皿，使二者均匀混合。每种稀释浓度做两个平皿。待混合液冷却凝固后，翻转平皿底部朝上，放置在（36±1）℃环境的培养箱内培养48h，之后进行菌落计数。

① 王希越，田媛媛等．微生物代谢组学样品前处理方法研究进展[J]．科学展望，2016，（36）：24-25.

（2）培养。待混合液冷却凝固后，翻转平皿底部朝上，放置在（36±1）℃环境的培养箱内培养48h，之后进行菌落计数。

（3）计数。大肠菌计数总数就是平皿内出现的紫红色菌落个数乘以稀释倍数的结果。

（4）报告结果。报告每25cm^{2}食品生产工具样品上的菌落总数。

2、试管法

（1）加样。使用经过灭菌的吸管吸取1ml稀释度为1：10和1：100的混合稀释液，注入BGLB肉汤培养基中，各个稀释度接种三管。

（2）培养。放置BGLB肉汤在（36±1）℃环境的培养箱内培养48h，然后记录所以BGLB肉汤培养基产生气泡的管数。

（3）报告结果。按上述BGLB肉汤管产气管数的结果，查询MPN表结果，然后报告每25cm^{2}食品生产工具样品的大肠菌群值。

第四章
食品微生物检验基础实验

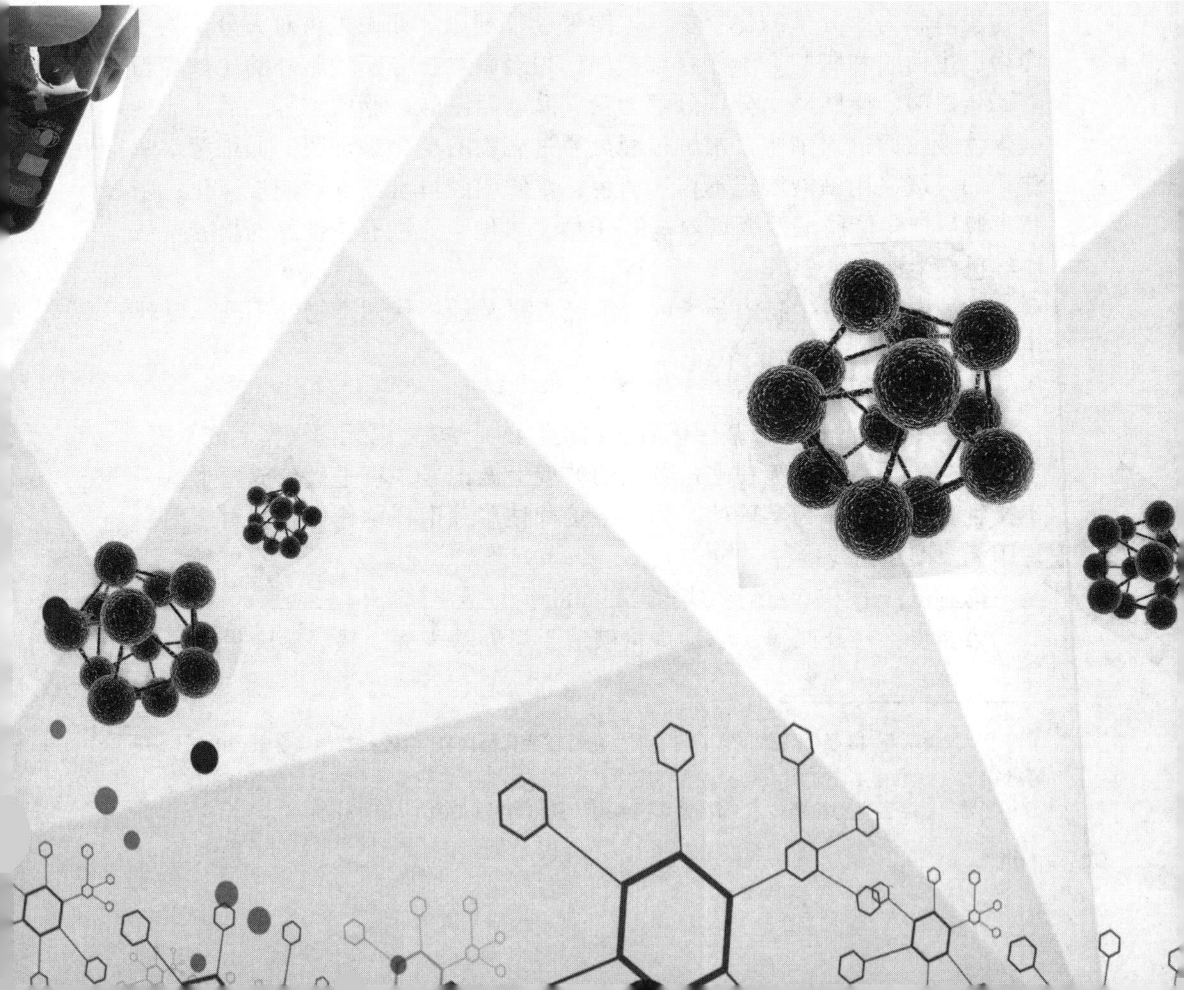

第一节 生理生化实验

除了可以通过形态鉴别微生物外，某些微生物特有的生理生化反应也常常用于鉴别微生物和验证微生物的存在。微生物生化反应是指用化学反应来测定微生物的代谢产物。生化反应常用来鉴别一些在形态和其他方面不易区别的微生物，因此，微生物生化反应是微生物分类鉴定中的重要依据之一。①

一、微生物对生物大分子的分解利用

微生物在生长繁殖过程中，需从外界吸收营养物质。小分子的有机物可以被微生物直接吸收；而大分子有机物必须靠产生的胞外酶，将大分子物质降解为小分子的化合物，才能被吸收利用。如微生物对大分子物质淀粉、蛋白质和脂肪等不能直接利用，须经微生物分泌的胞外酶（如淀粉酶、蛋白酶、脂肪酶）分别分解为糖、肽、氨基酸、脂肪酸等之后才能被微生物吸收而进入细胞。水解过程可通过底物的变化来证明，如细菌水解淀粉的区域，用碘液测定不再显蓝色；水解明胶可观察到明胶被液化；脂肪水解后产生脂肪酸改变培养基的pH值，可使事先加有中性红的培养基从淡红色变为深红色。

各种微生物对生物大分子的分解能力以及最终代谢产物的不同，反映出它们具有不同的酶系。

（一）淀粉水解实验

第一步，将淀粉培养基融化后，冷却至45℃左右，以无菌操作制成平板。

第二步，用记号笔在平板背面的玻璃上做记号，将平板分成两半。一半接种大肠杆菌作为实验菌，另一半接种枯草芽孢杆菌作为阳性对照菌，均用无菌操作划线接种。②

第三步，于（36±1）℃培养24~48h。

第四步，打开皿盖，滴加少量碘液于培养基表面，轻轻旋转平皿，使

① 王倩，张爱慧等．白菜在高温胁迫下的生理生化特性变化研究[J].金陵科技学院学报，2017，(1)：67-68.

② 杨玉红．食品微生物检验技术[M].北京：中国计量出版社，2010，第131页。

碘液铺满整个平板。立即检视结果，阳性反应（淀粉被分解）为琼脂培养基呈深蓝色、菌落周围出现无色透明环，阴性反应则无透明环。透明环的大小还能说明该菌水解淀粉能力的强弱。

（二）明胶水解实验

第一步，用接种针挑取待试菌培养物，以较大量穿刺接种于明胶培养基2/3深度。

第二步，于20～22℃下培养2～5d后观察明胶液化情况。明胶培养基亦可于（36±1）℃培养。每天观察结果。若因培养温度高而使明胶本身液化时应不加摇动，静置冰箱中待其凝固后，再观察其是否被细菌液化，如确被液化，即为实验阳性。

（三）油脂水解实验

第一步，将熔化的油脂培养基冷却至50℃左右时，充分振荡，使油脂均匀分布，无菌操作倒入平板，冷却凝固。

第二步，用记号笔在平板底部画成两部分，一半接种枯草芽孢杆菌作为实验菌，另一半接种金黄色葡萄球菌作为阳性对照菌。均用无菌操作画十字接种。

第三步，将平板倒置，于37℃恒温箱中培养24h。

第四步，培养结束后，观察菌苔颜色，如出现红色斑点，说明脂肪水解，为阳性反应。

二、微生物对含碳化合物的分解利用

不同细菌对含碳化合物的分解利用能力、代谢途径、代谢产物不完全相同，也就是说，不同微生物具有不同的酶系统。此外，即使在分子生物学技术和手段不断发展的今天，细菌的生理生化反应在菌株的分类鉴定中仍有很大作用。常见的含碳化合物代谢实验包括糖或醇发酵实验、甲基红（MR）实验、乙酰甲基甲醇（V–P）实验、柠檬酸盐利用实验及过氧化氢酶实验。

（一）糖或醇发酵实验

1.原理

糖发酵实验是最常用的生化反应，在肠道细菌的鉴定上尤为重要。不同细菌分解糖、醇的能力不同，有的细菌分解糖产酸产气，有的产酸而不产气，有的根本不能利用某些糖。酸的产生可以利用指示剂来证明，在配制培养基时可预先加入溴甲酚紫（变色范围pH值5～7，pH值为5时呈黄色，pH值为7时呈紫色），当发酵产酸时，可使培养基由紫色变为黄色。有无气体的产生，可从培养液中倒置的杜汉氏小管的上端有无气泡判断。

2.实验方法

（1）接种。以无菌操作分别接种大肠杆菌、产气肠杆菌、普通变形杆菌于各类糖发酵培养基中，每种糖发酵培养液的空白对照均不接菌，做好标记。置于37℃恒温箱中培养，分别在培养24h、48h和72h时观察结果。

（2）观察记录。与对照管比较，若接种培养液保持原有颜色，其反应结果为阴性，表明该菌不能利用该种糖，记录用“-”表示；如培养液呈黄色，反应结果为阳性，表明该菌能分解该种糖产酸，同时观察培养液中的杜汉氏小管内有无气泡。若有，表明该菌分解糖能产酸并产气，记录用“⊙”表示；如杜汉氏小管内没有气泡，表明该菌分解糖能产酸但不产气，记录用“+”表示。[①]

（二）甲基红（MR）实验

1.原理

某些细菌在糖代谢过程中，分解培养基中的糖产生丙酮酸，丙酮酸再被分解为甲酸、乙酸、乳酸等，使培养基的pH值降到4.5以下。酸的产生可由在培养液中加入甲基红指示剂的变色来指示。甲基红的变色范围pH值4.2～6.3，pH值为4.2时呈红色，pH值为6.3时呈黄色。若培养基由原来的橘黄色变为红色，即为甲基红实验阳性。

2.实验方法

（1）接种。以无菌操作分别接种大肠杆菌、产气肠杆菌、普通变形杆菌至葡萄糖蛋白胨培养液试管中，空白对照管不接菌，做好标记，置37℃恒温箱中，培养48～72h。

（2）观察记录。取出以上试管，沿管壁各加入2～3滴甲基红指示剂。仔细观察培养液上层，若培养液上层变成红色，记录为MR实验阳性反应（用“+”表示）；若仍呈黄色，记录为MR实验阴性反应（用“-”表示）。

（三）乙酰甲基甲醇（V-P）实验

接种。以无菌操作分别接种大肠杆菌、产气肠杆菌、普通变形杆菌至葡萄糖蛋白胨培养液试管中，空白对照管不接菌，做好标记，置37℃恒温箱中，培养48～72h。

观察记录。取出以上试管，在培养液中先加入V-P试剂甲液0.6ml，再加乙液0.2ml，振荡2min充分混匀，以使空气中的氧溶入，置37℃恒温箱中保温15～30min后。若培养液呈红色，记录为V-P实验阳性反应（用“+”

① 毕滔滔，张子成．食品微生物检验[M]．北京：中国科学技术出版社，2014，第201页。

表示）；若不呈红色，记录为V–P实验阴性反应（用“–”表示）。

注意：结果要在加入V–P试剂后1h内观察，1h后可能出现假阳性。

（四）柠檬酸盐利用实验

1.原理

不同细菌利用柠檬酸盐的能力不同，有的细菌能利用柠檬酸盐作为碳源，有的则不能。某些细菌利用柠檬酸盐将其分解为CO_2，随后形成碳酸盐，使培养基碱性增加，可根据培养基中添加的指示剂的变色来判断结果。指示剂可用溴麝香草酚蓝（pH值<6时呈黄色，pH值为6～7.6时呈绿色，pH>7.6时呈蓝色）；也可用酚红作为指示剂（pH值为6.3时呈黄色，pH值为8.0时呈红色）。

2.实验方法

（1）接种。以无菌操作分别接种大肠杆菌、产气肠杆菌、普通变形杆菌至柠檬酸钠发酵管中，空白对照管不接菌，做好标记，置于37℃恒温箱中，培养24～48h。

（2）观察记录。取出以上试管观察，培养基呈蓝色者为柠檬酸盐实验阳性反应（用“+”表示）；培养基呈绿色者为柠檬酸盐实验阴性反应（用“–”表示）。

（五）过氧化氢酶实验

1.原理

某些细菌在有氧条件下生长，其呼吸链以氧为最终氢受体，形成H_2O_2，H_2O_2的形成可以看作是糖需氧分解的氧化末端产物。由于其细胞内有过氧化氢酶，故可将有毒的H_2O_2分解成无毒的H_2O，并放出氧气，出现气泡。

2.实验方法

（1）将实验菌接种于合适的培养基斜面上，适温培养18～24h。

（2）取一片干净的载玻片，在上面滴一滴3%～10% H_2O_2溶液。挑一环培养好的实验菌菌苔，在H_2O_2溶液中涂抹。若产生气泡（氧气）为过氧化氢酶阳性反应（用“+”表示），不产生气泡者为阴性反应（用“–”表示）。

注意：培养实验菌的斜面培养基中不能含有血红素或红细胞，因为它们也会促使H_2O_2分解，从而产生假阳性。

三、微生物对含氮化合物的分解利用

不同细菌对含氮化合物的分解利用能力、代谢途径、代谢产物不完全相同，也就是说，不同微生物具有不同的酶系统。此外，微生物对含氮化合物的分解利用的生理生化反应也是菌种分类鉴定的重要依据。微生物对含氮化合物的分解利用实验包括吲哚实验（indol test）、硫化氢产生实验、产氨实验、硝酸盐还原实验及苯丙氨酸脱氢酶实验。

（一）吲哚实验

1.原理

有些细菌可分解培养基内蛋白胨中的色氨酸产生吲哚，有些则不能。分解色氨酸产生的吲哚可与对二甲基氨基苯甲醛结合，形成红色的玫瑰吲哚。

2.实验方法

（1）接种供试菌于蛋白胨水培养基中，空白对照管不接菌，做好标记，置37℃恒温箱中培养24～48h。

（2）在培养液中加入1ml乙醚充分振荡，使产生的吲哚溶于乙醚中，静置几分钟，待乙醚层浮于培养液上面时，沿管壁加入吲哚试剂10滴。如吲哚存在，则乙醚层呈玫瑰红色。

注意：加入吲哚试剂后，不可再摇动，否则，红色不明显。吲哚实验与前述的甲基红实验（methylred test）、乙酰甲基甲醇实验（vogesprokauer test，V-P实验）和柠檬酸盐利用实验（citrate test）合称为IMViC实验，是四个主要用来鉴别大肠杆菌和产气肠杆菌等肠道杆菌的实验。典型的大肠杆菌IMViC实验的结果依次是“++--”，不典型的也可以是“+---”，而产气肠杆菌是“--++”。

（二）硫化氢产生实验

1.原理

有些细菌能分解蛋白质中含硫的氨基酸（如胱氨酸、半胱氨酸、甲硫氨酸）产生硫化氢，硫化氢遇到培养基中的铅盐或铁盐，可产生黑色硫化铅或硫化铁沉淀，从而可以确定硫化氢的产生。①

2.实验方法

（1）取供试菌接种于H_2S微量发酵管，空白对照管不接菌，做好标记，置37℃恒温箱中培养24h。

（2）观察结果。培养液出现黑色为阳性反应，以“+”表示；无色为阴性，以“-”表示。

① 李海龙，胡峻等.除臭微生物的筛选、鉴定及其应用效果[J].环境科学与技术，2016，（52）：6-7.

（三）产氨实验

1.原理

某些细菌能使蛋白质中的氨基酸在各种条件下脱去氨基，生成各种有机酸和氨，氨的产生可通过与氨试剂（如奈氏试剂）起反应而加以鉴定。

2.实验方法

（1）以无菌操作分别接种供试菌至牛肉膏蛋白胨培养液试管中，空白对照管不接菌，做好标记，置于37℃恒温箱中，培养24h。

（2）观察记录。取出以上试管，向培养液内各加入3～5滴氨试剂。若培养液中出现黄色（或棕红色）沉淀者为阳性反应（用“+”表示）；不出现上述沉淀的为阴性反应（用“–”表示）。

（四）硝酸盐还原实验

1.原理

有些细菌能将硝酸盐还原为亚硝酸盐（另一些细菌还能进一步将亚硝酸盐还原为一氧化氮、二氧化氮和氮等）。如果在培养基中加入对氨基苯磺酸和*a*–萘胺（格氏亚硝酸试剂的主要成分），会形成红色的重氮染料对磺胺苯基偶氮*d*–萘胺。

2.实验方法

（1）接种供试菌于硝酸盐还原实验培养基中，空白对照管不接菌，做好标记，置37℃恒温箱中，培养18～24h。

（2）结果观察。把对照管培养液分成两半，一半直接加入格里斯氏试剂，应不显红色；另一半加入少量锌粉，加热，再加入格里斯氏试剂，出现红色，说明培养基中存在着硝酸盐。把接种过的培养液也各分成两半，其中一半加入格里斯氏试剂，如出现红色，则为硝酸盐还原阳性反应（用“+”表示）。如不出现红色，则在另一半中加入少量锌粉，加热，再加入格里斯氏试剂；这时如果出现红色，则证明硝酸盐仍然存在，应为硝酸盐还原阴性反应（用“–”表示）；如仍不出现红色，则说明硝酸盐已被还原，应为硝酸盐还原阳性反应（用“+”表示）。

（五）苯丙氨酸脱氢酶实验

1.原理

有些细菌能分解苯丙氨酸，苯丙氨酸脱氨后产生苯丙酮酸，苯丙酮酸与$FeCl_3$反应形成绿色化合物。

2.实验方法

（1）将供试菌分别接种到苯丙氨酸斜面培养基上（接种量要大），置于37℃恒温箱中，培养18～24h。

（2）在培养好了的菌种斜面上滴加2～3滴10%的$FeCl_3$溶液，从培养物上方流到下方，呈现绿色的为阳性反应（用“+”表示），否则为阴性反应（用“-”表示）。

第二节　血清学实验

一、抗原

抗原（Antigen，Ag）是指能与T细胞、B淋巴细胞的TCR（T细胞抗原识别受体）或BCR（B细胞抗原识别受体）经过结合反应，然后经过分化、增殖，产生抗体或者致敏淋巴细胞、发挥出免疫作用的物质。抗原具备两个特性：第一个特性就是免疫原性，该特性决定了抗原可以刺激机体产生免疫应答，诱导机体产生抗体或者致淋巴细胞的能力。第二个特性是抗原性，分为完全抗原性和半抗原性。抗原性是抗原与抗体或者淋巴致敏细胞特异性结合的能力。完全抗原性同时具备免疫原性和抗原性，只具备抗原性的物质称为不完全抗原或者半抗原。

对于半抗原而言，如果与大分了蛋白质或者非抗原性的多聚赖氨酸等载体（Carrier）发生结合，则会转变为完全抗原。另外，具备免疫原性的物质一般都会具备抗原性，都是完全抗原。例如，许多小分子或者药物属的半抗原能够通过与血清蛋白结合生成完全抗原，能够使机体产生免疫受耐体的抗原又叫作耐受原。

二、抗体

免疫球蛋白（Immunoglobulin，Ig）是指存在于人和动物血液（血清）、组织液及其他外分泌液中的一类具有相似结构的球蛋白。曾经也被称之为γ球蛋白，国际标准惯例以Ig表示。根据其化学结构的不同以及所属抗原性的差异，免疫球蛋白又可分为IgG、IgM、IgA、IgE和IgD五种。

动物机体在被抗原刺激后，产生抗体。抗体本质上是免疫球蛋白，是由B淋巴细胞转化为浆细胞，并且能与侵入动物体抗原发生特意结合反应的一种蛋白，是动物机体对抗原产生免疫反应的产物，根据结构形态的不同具备不同的免疫功能。

抗体主要存在场所是动物的血清、淋巴液、组织液和其他体液中。抗体中能够与细胞结合的称为亲细胞抗体，例如IgG抗体能够与T、B淋巴细胞、K细胞、巨噬细胞等细胞结合，而IgE能够与嗜碱性粒细胞结合。另外，在成熟的B细胞表面本身就具备抗原受体，也属于免疫球蛋白的一种，命名为膜表面免疫球蛋白。

（一）免疫球蛋白的结构

免疫球蛋白的分子结构如图4-1所示。

免疫球蛋白的单分子结构大致相同，都是由两条相同的重链加两条相同的轻链再加四条肽链组成了“Y”形结构（如图4-1所示）。IgG、IgE、IgA、IgD都是单体分子结构，IgA是由两个单体分子组成的二聚体，IgM是由五个单体分子组成的五聚体。

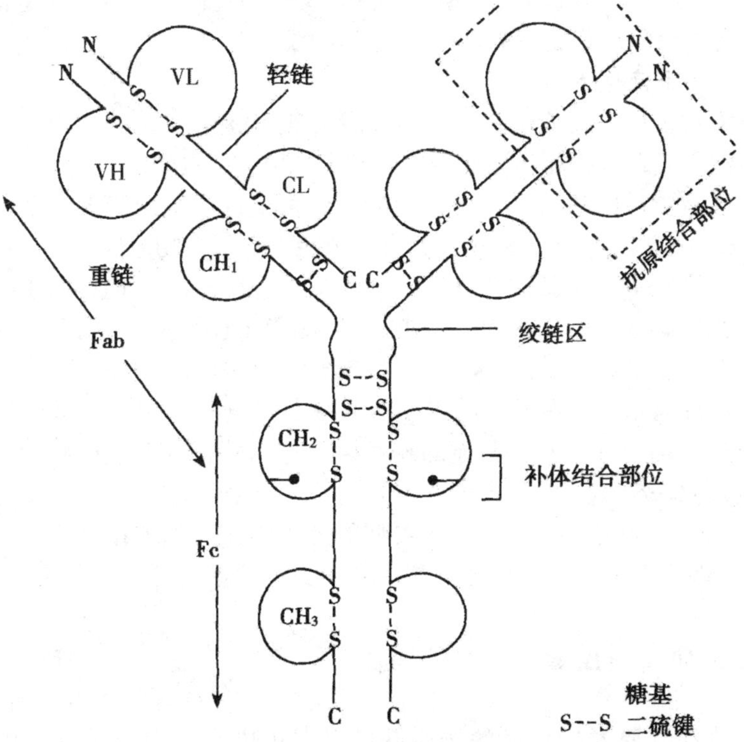

图4-1　免疫球蛋白单体结构

1.重链

别名H链（Heavy chain），是由420～440个氨基酸组成，相对分子质量在50000～77000之间。重链又包含有可变区、恒定区、高变区和骨架区。随着抗体分子的特异性不同，氨基酸排列顺序发生变化的区域为可变区，其余稳定的氨基酸排列区域成为恒定区。在可变区内有4个区域的氨基酸排列顺序根据抗体分子的特异性变化程度最大，又称之为高边区，可变区内变化不大的区域叫作骨架区。

重链包含有γ、μ、α、ε、δ五种不同的类型，这些类型决定了抗体的类型，分别对应了IgG、IgM、IgA、IgE、IgD。所以，在同一种动物抗体中，抗体的差异是由重链的不同决定的。

2.轻链

又名为L链（Light chain），由213～214个氨基酸组成，相对分子质量约为22500。轻链的C端通过二硫键分别与两条重链相连。轻链也具备可变区和恒定区，其中可变区又分为高变区和骨架区。与重链不同的是，轻链具备三个高变区。根据免疫球蛋白的结构和抗原性不同，轻链又可以分为K（Kappa）型和λ（Lambda）型。这两种类型的轻键都存在于各类免疫球蛋白中，各类免疫球蛋白中的轻键也是相同的。

（二）免疫球蛋白的功能区

免疫球蛋白的功能区（Domain）是由多肽键分子折叠成为若干个环状球形结构组成，这些环状球形结构由键内二硫键链接组成。

免疫球蛋白的轻链具有两个功能区，可变区和恒定区各一个，分别为VL和CL。IgG、IgA、IgD的重链拥有四个免疫球蛋白功能区，其中的三个在恒定区，另外一个在可变区内。四个功能区分别为VH、CH_1、CH_2、CH_3。IgM和IgE拥有五个免疫球蛋白功能区，相较于IgG、IgA、IgD的功能区，多出一个CH_4功能区。

免疫球蛋白的功能区都是由110个左右的氨基酸构成，虽然功能不一样，但是结构上确具有很明显的相似性。这一特征说明，所有的功能区都有可能是由一个单一的基因编码，发生突变而生成。另外，免疫球蛋白除了功能区，它们还具备一些特殊类型的分子结构，如连接链、分泌成分、糖类等，这些特殊类型的分子结构为个别免疫球蛋白所具有。

三、血清学反应

抗体和抗原发生反应的场所既可以在体内也可以在体外，由于传统的免疫学技术多数采用在体外以人或者动物的血清作为抗体标本的培养来源，所以体外发生的抗原和抗体反应就称为血清学反应（Serological reaction）。虽然现代的抗原和抗体反应早已经突破了体内和体外的限制，但是血清学反应仍然被广泛使用，是一种在免疫学技术领域和医学领域实用性很高的方法。

（一）血清学反应规律研究

1.胶体形状发生变化

由于抗体和绝大多数抗原都是蛋白质，当它们溶于水中时，形成了胶体溶液，但是不会发生自然沉淀的现象。但是，由于蛋白质中含有大量的氨基和羟基残留基，这些物质在水溶液中都会带有电荷，发生静电作用时，这些蛋白质周围就会出现带电荷的电子云团。当溶液pH值为7.4时，蛋白质带的负电荷与水溶液中极化水分子带动的阳离子发生电荷作用，就形成了水化层；又因为同电荷的离子相斥作用，所以蛋白质不会自行聚合产生沉淀现象。

2.抗原抗体作用的结合力

抗原和抗体发生结合在本质上是抗原表位和抗体超变区中的抗原结合位点直接发生了结合。抗体和抗原的化学结构和空间结构上通常会呈现互补结构，所以二者的结合具有高度的特异性特点。另外，体积较大的蛋白质一般会含有多种抗原表位，这种特性会导致抗原表位和抗体发生交叉反应，交叉反应还会发生在两种不同的抗原分子上、有可能存在相同抗原表位的情况下。

抗原的特异性是由抗原决定簇的数目、性质和结构决定的，但是抗体的特异性是由Fab片段的可变区结构和与之相对应的抗原决定簇结合能力所决定。抗原与抗体的结合并非通过共价键的作用力，而是通过很弱的短距离吸引力而吸引结合，例如范德华力、静电和氢键引力等作用。①

3.抗原抗体结合的比例

抗体和抗原的结合生产产物数量、浓度以及反应进行的速度是由二者的浓度及比例决定的。无论是抗体浓度高还是抗原的浓度高，都不能单方面决定反应的速度和产量，这是一个二者匹配拟合的过程。通过向一排一定浓度抗原，然后依次加入浓度递增的对应可溶性抗原，通过这种类型的实验来确定某种抗原和对应的抗体发生反应的曲线图。通过实验结果表示的反应曲线图可以看出，曲线图中的最高部分即为比例最合适的反应范围，称为抗原抗体反应的等价带。

在反应的等价带中，抗体和抗原结合最充分，反应速率最快，沉淀物生产最多，上清液中所有游离态的抗原或者抗体基本全部反应殆尽，上清液产存量最少。当抗原或者抗体比例失调，即抗原过多或者抗体过多时，反应结合价由于不能相互饱和，所以产物只有较少的沉淀物或者为可溶性

---

① 郭秩先. 抗原特异性免疫耐受治疗自身免疫疾病的新进展[J]. 医学综述，2015，（16）：13-14.

抗原抗体复合物的无沉淀物。这种现象称为带现象，抗原过量时称为前带，抗体过量时称为前带。

4.抗原与抗体结合的可逆性

由于抗原和抗体的结合为非共价键结合，没有形成稳定的共价键，所以结合结果虽然相对稳定，但是却可以发生可逆反应。因此在一定条件下可以解离。两者结合的强度，在很大程度上取决于特异性抗体Fab段与其抗原决定簇立体构型吻合的程度。任何抗血清中总会含有比较适合的、结合力强的抗体和一些不很适合的、结合力弱的抗体。若抗原抗体两者适合性良好，则结合十分紧密，解离的可能性就小，这种抗体称为高亲和力抗体。反之，适合性较差，就容易解离，称为低亲和力抗体。如毒素与抗毒素结合后，毒性被中和；若稀释或冻融，使两者分离，其毒性又重现。

5.抗原抗体反应的阶段性

第一阶段为抗原抗体特异性结合，反应快、时间短，通常在几秒或者几分钟内完成。第二阶段为可见反应阶段，耗时较长，往往需要数个小时甚至数日，伴随着沉淀等现象。

（二）血清抗体

将抗原反复多次注入同一动物体或者人体，则能够产生抗性极强的血清抗体，这种含有抗体的血清也称为免疫血清或者抗血清。每一个抗原分子都具有多个抗原决定簇，每一个抗原决定簇被激活后就会形成对应的抗体；当多个抗原决定簇被同时激活后，这种抗体就可以成为针对多种抗原的混合抗体，称为多克隆抗体。

在进行血清实验时，虽然不要求血清完全无菌，但是仍然需要避免被污染。在实验过程中，一般周围的环境都比较适合细菌的生长繁殖，会对实验结果造成干扰，甚至破坏实验抗体。

血清放置于-20℃的冰箱中进行保存，在避免环境细菌污染的前提下，血清能够在普通冰箱或者工作台上保存数天之久。为了避免血清被细菌污染，可以在血清中添加少量防腐剂（如0.1%叠氮钠、0.01%硫柳汞等）或者等量的中性甘油。由于某些防腐剂会干扰一些特定血清实验的结果，所以在添加防腐剂过后，需要进行明确的标示，以防止影响实验结果。

（三）影响血清学反应的因素

影响血清反应进行的因素既包括本身的因素也包括周围环境的因素，主要的因素主要有下列几种。

1.抗体

抗体是血清学反应中的基础和关键所在，抗体对血清学反应的影响主要有以下几个方面。

（1）抗体的来源。抗体的来源目标不同，反应性的差异性就会出现。不同动物之间的抗体表现的等价带不同，例如家兔的等价带较宽，而人和马匹等动物的等价带较窄。较宽的等价带只有当抗原过量时才会出现可溶性免疫复合产物；而较窄等价带，当抗原或者抗体少量过剩，就容易生产可溶性复合产物。

（2）抗体的浓度。抗体的浓度多少是与抗原浓度比较而言。为了得到较好的实验结果，在很多血清学反应实验之前，需要认真滴定抗体的浓度水平。

（3）抗体的特异性与亲和力。抗体的特异性和亲和力是一对矛盾体的存在，特异性较好的抗体亲和性差，亲和性好的抗体特异性又较差。亲和力差的抗体不适合进行低灵敏度的沉淀反应和凝集反应。

2.抗原

抗原的理性状态、抗原所具备的决定簇的数目和种类等都能够影响血清反应的进行。颗粒型抗原的反应类型通常是凝集，粗糙型的细菌在生理盐水中容易发生自凝，可溶性抗原和抗体容易发生沉淀反应。

3.电解质

溶液中电解质的作用是使反应结果从不可见变为可见，抗原与抗体发生血清反应后，性质从亲水胶体变为疏水胶体；但是如果没有溶液中的电解质参与沉淀，仍然无法出现可见反应结果。如果反应溶液中电解质浓度过低或者没有电解质，则反应很难达到可见；但如果电解质浓度过高，又会出现盐析现象，所以适当浓度的电解质是血清反应中不能缺少的组成部分。最常用到的电解质溶液为8.5g/L的NaCl溶液，另外也会经常用到Mg^{2+}和Ca^{2+}作为溶液电解质使用。

4.酸碱度

酸碱度的高低会影响蛋白质的活性，但是抗原抗体反应又必须在适宜的酸碱度环境中间进行。血清学反应要求的pH值环境一般在6 ~ 9的范围，不宜过高也不能过低，如果过高或者过低就会出现假阳性或者假阴性的实验结果，影响实验的准确性。

5.温度

不同的血清反应对最适温度值的要求不同，一般在15 ~ 40℃的环境中都能够正常进行。当环境温度高于56℃时，反应中已经结合的抗原抗体会再次分离，甚至变性或者被破坏。常用的血清反应温度为37℃，特殊实验按照特殊要求进行。

6.时间

时间本身对血清实验过程不会主动造成影响，但是不同时间观察实验结果却会对分析实验结果造成影响。整个实验时间轴的分配主要由反应快慢、抗体和血清的亲和性、反应温度和反应类型等因素影响。所以，全部的血清反应必须在规定的时间内进行观察并得到结果。

（四）血清学反应的应用

血清学被广泛应用于疾病的临床检查和流行病学检查等领域。因为血清学反应可以根据抗原和抗体结合反应生成的免疫复合物的形状和活性特点等方面的特征，对检验样品中的抗原或者抗体进行定性、定位和定量的检测。

1.抗原或抗体的定性检测

（1）检测抗体。抗体可以提高人类身体的免疫力，是人和动物体免疫力功能的重要指标。人体内的抗体纯度等经常作为临床治疗或者实验研究的关键参数，通过对人体内抗体的种类以及数量的检测，对病症的判定和诊断有着重要意义。抗体的检测过程多在人体外的血清进行，经过实验后得到肉眼可以观察的反应结果，例如沉淀、凝集和溶解等。另外，可以通过检验抗体浓度等确认人工免疫疗效的程度，以及作为今后是否需要接种或者再次接种疫苗时间的判断依据。

（2）检测抗原。能够被作为抗原进行检查的物质主要有下列四类。

①各类微生物及其大分子产物，主要用于各种类型的专业鉴定和致病菌类、致毒菌、疫苗的研究。

②生物体内具备的各种大分子物质。

③人和动物细胞的表面分子。主要是细胞表面的各种分化抗原、同种异型抗原、病毒相关抗原和肿瘤相关抗原等。

④各种类型的半抗原物质。

2.抗原或抗体的定位检测

通过使用已知抗体对其相应抗原发生结合反应，进行定位检测。其基本原理是将抗原抗体反应的特异性以及反应结果的可见性进行有效结合，再借助现代的仪器设备如电子显微镜等，在细胞及亚细胞层面检测需要定位的抗原物质，例如抗原中的蛋白质、病原体、激素和受体等。

3.抗原或抗体的定量检测

依照血清学反应的等价带特性，利用加入抗原或者抗体浓度的不同产生免疫复合物浓度的差异之间的关系进行定量检测。

（1）抗原和抗体反应的免疫符合物产生的数量，与样品中待检抗原或抗体的浓度一般呈现正比关系。通过向待检的抗原或者抗体注入已知浓度的抗体或者抗原，根据免疫复合物产生的数量，判定待检抗原或者抗体的数量及浓度。

（2）抗原或抗体的效价滴定。在某些血清学实验中，如果免疫复合物形成的数量无法反映血清学反应的强弱时，则通过反应强度来进行抗体或抗原的定量就不合理了。为了解决这种情况的出现，经常固定了浓度低的反应成分，再将浓度高的另一种反应成分进行一系列稀释后再开始实验。

（3）通过免疫组化技术对抗原进行检测。

四、常用的血清学检验方法

（一）凝集反应

凝集反应的对象主要是颗粒性抗原或者抗体，如细菌、螺旋体和红细胞等；此类颗粒性抗原或者抗体发生血清学反应后，在周围环境有适量浓度电解质存在的情况下，颗粒互相凝集形成可见的凝集块。凝集实验主要包含下列几种类型。

1.直接凝集实验

直接凝集实验顾名思义就是将颗粒性抗原直接与相应抗体反应，伴随着凝集块的出现。直接凝集实验的操作方法又分为平板凝集实验、试管凝集实验以及生长凝集实验三类。

（1）平板凝集实验。平板凝集实验的特点是操作简单、快捷方便；缺点就是只能进行定性测定，无法进行定量测定。操作方法为将含有已知抗体的诊断血清和待检测的菌悬液各吸取一滴于玻片上，倾斜摇摆玻片1～3min后观察实验结果。如果实验结果显示出现了不论细小还是粗大的凝集块，则为阳性，或者出现絮状凝集也定性为阳性，如图4-2所示。

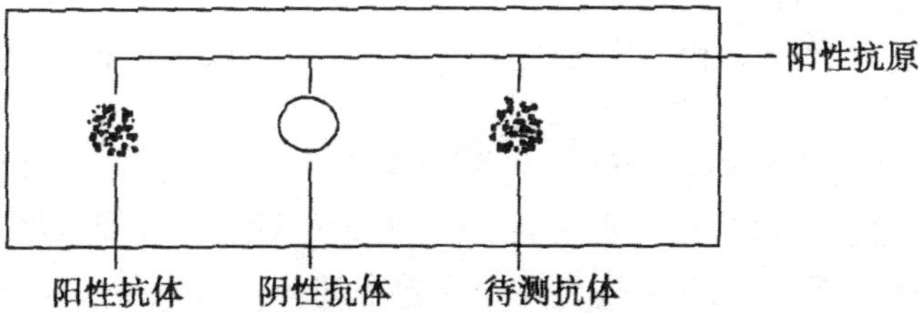

图4-2　直接凝集实验

（2）试管凝集实验。相较于直接凝集实验，试管凝集实验不但可以定性检测，而且还可以进行定量检测。通常使用已知抗原检测待检血清中的抗体及其效价。操作方法为使用生理盐水将待检血清进行倍比稀释，每一份等量稀释液中加入等量抗原，在37℃水中水浴若干小时后观察凝集程度，视凝集程度分五个档次进行记录：100%凝集、75%凝集、50%凝集、25%凝集、不凝集。

能够使50%抗原凝集的最高稀释液浓度即为该血清的凝集价，也称为滴度。试管凝集实验必须同时设立阳性抗体对照、阴性抗体对照、生理盐水对照，期间会出现假阳性反应，假阳性反应的凝集价一般低于特异性凝集价。如果进行大规模的流行病调查，可以使用96孔微量凝集板实验代替试管凝集实验。

（3）生长凝集实验。抗体和活的细菌结合，即使没有步梯存在时，依然能够出现凝集反应。该过程不会伴随着细菌的杀死或者抑制，通过显微镜等仪器可以观察培养物是否发生了凝集反应。

2.间接凝集实验

间接凝集反应主要是将可溶性的抗体或者抗原吸附在与免疫反应无关的载体表面，然后与对应的抗原或者抗体发生结合反应，伴随着周围环境中适宜浓度的电解质发生的凝集反应。

在间接凝集实验中，经常使用的载体包含有动物或者人体红细胞、聚苯乙烯乳胶微球和活性炭等。根据载体使用不同，又可将间接载体实验分为间接血凝实验、乳胶凝集实验和碳凝集实验等。间接凝集实验比直接凝集实验反应速度要快2～8倍，操作简单、快捷，对设备没有特殊要求，应用范围十分广泛。

3.库姆斯（Coombs）实验

Coombs实验因为该实验首先由库姆斯（Coombs）开展而以此命名，Coombs实验又称为抗球蛋白实验，主要针对的目标是检验单价不完全抗体，即封闭抗体。单价抗体与颗粒性抗原经过结合反应后，由于抗原表面的决定簇被单价抗体所封闭，所以凝集反应过程不可见。因为抗体自身也是抗原的一种，所以使用其免疫异种动物就可以获得抗球蛋白抗体，即抗抗体。抗抗体与抗原微粒所吸附的单价抗体结合，发生可见的凝集反应。

4.血球凝集实验（SPISHA）

使用新鲜红细胞和致敏红细胞作为指示反应物，致敏红细胞含有抗原或者抗体，通过肉眼观察（亦可用分光光度计测定）红细胞出现的凝集现象来判定实验结果。该方法特异性强，敏感性高，简便易行。[①]根据实验中使用的红细胞性质不同，具有特异性强、敏感性高和操作简单的特点，主要包括直接血凝实验、间接血凝实验、反向间接血凝实验三种类型。

（二）沉淀反应

可溶性抗原在适当浓度电解质存在于周围环境的情况下，与相对应的抗体进行结合，反应中生产肉眼可见的沉淀物过程，即为沉淀反应。这

① 李苏英．间接血球凝集实验检测流动人口吸血虫病抗体 [J]. 中国卫生检验杂志，2014，（7）：77–78.

些可溶性抗原通常为细菌的内外毒素、菌落裂解液、病毒、血清和组织浸出液等，类型一般是蛋白质、类脂等。特点是抗原分子较小，所以单位体积内所含的数量较多，与抗体结核的面积大。这种特性导致了在进行定性时，抗原经常会出现过剩，形成后代现象，一般通过稀释抗原并且以稀释度作为沉淀反应的效价。

沉淀实验又可分为液体内沉淀实验和凝胶内沉淀实验两种，分类的依据是实验过程中使用的介质和检验方法之间的不同。待测抗原含量主要通过光学理论进行测量，方法有以下几种。

1.透射比浊法

当透射光线通过反应混合液时，被混合液中的抗原抗体反应形成的免疫复合产物吸收后而减弱。透射光被减弱的量和免疫复合产物的数量呈现一定的函数关系，通过测定透射光穿过混合液前后强度衰减程度，即可以间接得出抗原抗体形成产物的数量。

2.散射比浊法

这种方法的原理与透射比浊法相似，但是比透射比浊法更加快速、敏感度更高、精度更高。该法的原理是光线穿过混合液时会发生散射，散射的强度和免疫符合产物的含量与散射角度成正比，与光线的波长成反比关系。通过检测比较光线经过反应混合液散射前后的差异，就可以计算出待测抗原的含量。

3.免疫胶乳浊度测定法

这种方法以大小一致、外形均匀、直径为0.2μm 的胶乳颗粒吸附抗体。当抗原和抗体发生结合反应时，胶乳颗粒就会发生凝集现象，使透射光线减少。光线吸收度和乳胶凝聚物的形成量呈现正比例关系，通过标准的曲线就可以得知待测样本中抗原或者抗体的含量。

4.速率抑制免疫比浊法

该方法的原理是在实验过程中加入半抗体原，这些半抗体为小分子，会参与半抗原载体与抗原发生结合反应；而半抗原载体为大分子，由于竞争关系的存在，会抑制免疫反应的进行速率。另外，半抗原载体与限量的抗体发生反应时，在没有干扰的情况下会产生一定的速率散射峰值，通过对比这两个反应效率，根据标准曲线就可以得知被测混合液中半抗原的含量。

（三）免疫标记技术

免疫标记技术是一门涉及使用荧光显微镜、射线测定仪、酶标检测仪等一系列高精密现代化仪器的标记技术，其特点是可以在细胞、亚细胞和分子水平层次上，对混合液中的抗原、抗体结合反应过程进行检测。免疫标记技术无论是在敏感性、精确性还是在特异性及适用范围等方面，都要远远超出其他的一般血清学实验方法。

免疫标记技术通过使用荧光素、酶、生物素、胶体金、放射性同位素、SPA等作为示踪物，在反应过程中跟踪这些示踪物来测定抗原抗体结合进行的过程。所以，根据所用示踪物的不同，免疫标记技术又可以分为免疫荧光技术、免疫酶技术、放射免疫技术、SPA免疫检测技术、生物素-亲和素免疫检测技术、胶体金免疫检测技术等。

1.免疫荧光技术

免疫荧光技术的关键在于通过荧光抗体染色方法，将荧光材料经过提纯，然后连接到抗体分子上，使抗体分子一方面能够被荧光追踪，另外一方面又不影响抗原抗体的结合反应能力。在反应过程中，通过显微镜对荧光染色后的抗原抗体进行追踪。荧光材料常用异硫氰酸荧光素（FITC）。其染色原理如图4-3所示。

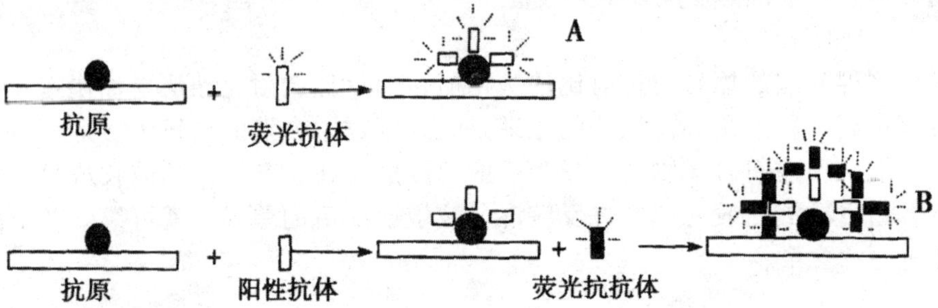

A. 直接法；B. 间接法

图4-3　荧光染色示意图

2.免疫酶技术

免疫酶技术的原理是将有特殊功能的酶和抗体分子连接，制成酶标抗体，酶标抗体和抗原发生特异性结合反应，并且在酶对底物的高效催化作用下而发生显色现象，这样就可以对抗体或者抗原进行定性、定量和定位。免疫酶技术主要有以下几种。

（1）免疫酶组化染色技术。免疫酶组化染色技术与荧光抗体染色法基本一致，不同点在于：每增加一层免疫酶染色，就需要在37℃下作用30min后以PBS反复清洗三次，这样操作的目的就是为了洗涤去掉未结合物。这种染色法主要是为了抗原的定性和定位检测。操作方法有直接法、间接法、抗抗体搭桥法、杂交抗体法。

（2）酶联免疫吸附法。实验方法如图4-4所示。该法的关键是能够将抗原或者抗体吸附在固相载体之上，然后通过载体进行免疫酶染色。与荧光免疫标记技术一样，酶在加快底物反应的同时，会出现肉眼可见的底物显色等现象，通过这些可见现象的观察，确定抗原抗体的种类。酶联免疫吸附法具有特异性高、敏感度强的特点，而且不需要特殊设备，可以进行大批次检验，48h就可得出检验结果，所以应用范围非常广泛。目前常用的固相载体是聚苯乙烯微孔型塑料板。新板无须处理即可应用，一般一次性使用。

虽然大多数蛋白质都可以吸附在载体的表面，但是各种蛋白质的吸附力又具有差异性。一种蛋白质能否牢固地吸附于某一载体之上，需要通过实验才可以确认。同时为了避免发生特异性反应，抗体要求使用亲和层析或者DEAE纤维素提纯，抗原必须使用密度梯度离心法提纯，而且被用的抗原或者抗体必须进行高度纯化。

酶联免疫吸附法可用于测定未知抗体。将阳性抗原吸附于固相载体并封闭残存孔隙，加入待检血清，固相载体表面的抗原与抗体形成复合物。洗涤除去未结合的成分，再加入酶标抗抗体，最后加入底物，在酶的催化作用下底物发生反应，产生有色物质，判定结果。颜色的深浅与被测样品中抗体浓度成正比。样品中含抗体越多，出现颜色越快越深。

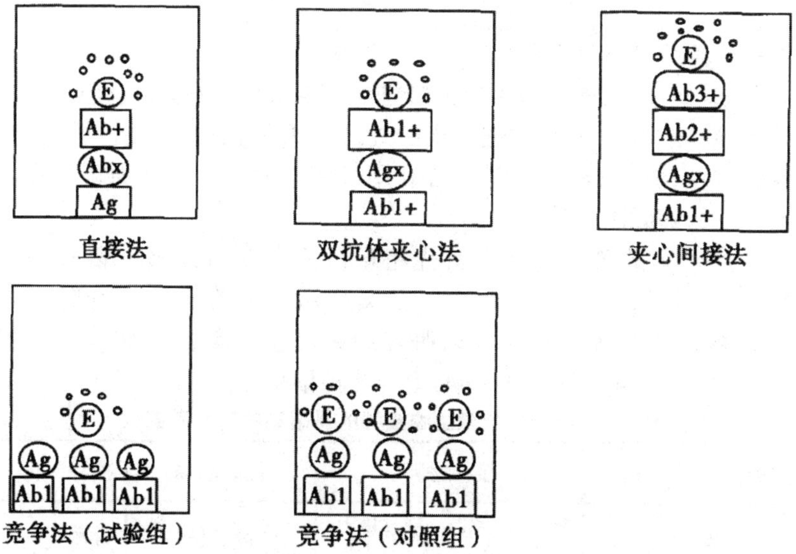

图4-4　酶联免疫吸附实验验证法

实验结果判定方法有下列几种。

A.肉眼观察。实验结果如果是阳性，则颜色为棕褐色。结果如果为阴性，则呈现淡黄色或者无色。反应结果颜色的深浅主要是由检测样品中抗原或者抗体的浓度所决定。

B.酶联免疫吸附测定仪。使用专用仪器进行测定，仪器采用分光光度计原理，专用于ELISA测定。如果样品的OD值大于阴性标本均值+两个标准差+0.2，则判为阳性。另外一种判别方法以P/N值判定结果：P为待测标本OD值，N为阴性标本平均OD值；如果P/N ≥ 1.5，则样品判为阳性；P/N < 0.5，则为阴性。

第三节　动物实验

动物实验是利用指定的实验动物为载体，进行病原性微生物免疫学研究的一类实验方法的统称，常常应用于对一些病原性微生物致病力的测定、病原微生物分离、免疫血清的制备和病原菌种鉴定等方面。最常用的实验动物有小白鼠、大白鼠、豚鼠和家兔等。

一、接种前的准备

（一）接种材料的准备

应根据材料的不同而做不同的准备（表4-1）。怀疑为病原菌的被检材料如果是液体材料，不需做进一步的处理，否则在动物实验前，我们需要得到该病原菌的纯培养。这时，常利用某些动物对一些病原菌具有易感性的特点，进行病原菌的分离。

以鼠疫杆菌的分离为例，首先将鼠疫杆菌制成悬液，以腹腔或皮下注射接种于豚鼠，经3～6d死亡。在其死后，剖检脾脏、肝脏、心血管等脏器，存在大量鼠疫杆菌；取脏器组织液接种赫氏溶血琼脂平板，在（36±1）℃培养24～48h，可得典型的纯种鼠疫杆菌。

表4-1　不同病原微生物接种的易感动物与接种部位

微生物名称	接种材料	易感动物	接种部位与途径
结核分枝杆菌	痰液、尿液、脑脊液几种渗出液	豚鼠、地鼠	皮下、腹股沟
葡萄球菌（食物中毒）	食物悬液、肉汤培养物	幼猫	口饲
肉毒梭菌	食物悬液、培养物滤液	小白鼠、豚鼠	皮下、口饲
甲型肝炎病毒	污染食物或粪便洗液	小白鼠、大白鼠	脑内、静脉

（二）实验动物的选择

实验动物种类繁多，常需要根据具体实验要求和目的选择合适的实验动物，才能保证实验结果的可靠性；其次，还要考虑实验动物的来源是否易得、是否经济、是否易饲养和管理等情况。在实验动物的选择上，要注意动物的种类、品系、质量和健康状态。

1.实验动物微生物学等级分类

（1）普通动物（Conventional animal，CV）。不携带所规定的人兽共患病和动物烈性传染病的病原体。只用于教学和一般实验，不适用于研究性实验。

（2）清洁动物（Clean animal，CL）。除普通动物应排除的病原外，不携带对动物危害大和对科学研究干扰大的病原。此类动物的微生物控制标准基本同SPF级动物，但不允许出现临床症状和脏器的病理变化和自然死亡。

（3）无特定病原体动物（Specific pathogen free animal，SPF）。除清洁动物应排除的病原外，不携带主要潜在感染或条件致病和对科学实验干扰大的病原。SPF级动物是病毒学研究中最常用的动物。①

（4）无菌动物（Germ free animal，GF）。无可检出的一切生命体。这种动物在自然界并不存在，须人工培育。

2.选择原则

（1）选择易感动物。这是实验动物选择中的首要问题。在进行病原微生物的检验过程中，必须考虑所选动物对该病原体的易感性。不同病原微生物的易感动物种类不同，例如，小白鼠对肺炎链球菌易感；豚鼠对结合分枝杆菌易感；幼猫常用于金黄色葡萄球菌肠毒素的检测；家兔对体温变化敏感，适于发热、解热和检查致热源等实验。

（2）选择合适品系的动物。根据实验的要求和性质不同，选择纯系动物、无菌动物或无特定病原动物等。如进行细菌感染性的测定，最好选用无菌动物；进行细菌学检验的一般动物实验时，选择敏感的普通动物即可。

（3）选择健康的动物。在选择实验动物时，应挑选身体健康、发育良好、体重及各项生理指标达到标准的动物。若没有特殊实验要求，不宜选用处于孕期、经期、哺乳期的雌性动物。同一实验应选用年龄和体重相对一致的动物，且应选用性别一致的动物。

① 邹习俊，杨红宇等. 实验动物SPF实验室改革初探[J]. 贵州畜牧兽医，2017，（6）：7-8.

（三）实验动物的标记

进行接种的实验动物应预先做好明显的标记，可用人工染色、耳号、腿号等方法标记。如家兔、豚鼠等较大动物可用金属牌固定于耳部；小鼠和大鼠等较小动物可用苦味酸涂于身体各部，以作为标记。

二、接种方法

根据实验研究的目的不同，实验动物的接种方法和途径也不尽相同。

（一）皮下注射

注射部位选择在皮下组织疏松部位。接种部位在腹部中线两侧、腹股沟、尾根等处。小鼠一般在腹部两侧；豚鼠在腹部或大腿内侧；家兔取背部、大腿内侧或耳根部皮下注射。将注射部位皮肤消毒后，左手提起皮肤，右手持注射器将针头水平刺入皮下，针头摆动无阻力，说明已进入皮下，缓慢注入，注射部位随即隆起。拔针时，用手指捏住针刺部位，以防止注射药液外漏。注射量因动物而异，小白鼠注入量一般为0.2～0.5ml，豚鼠、家兔为0.5～1.0ml。

（二）肌肉注射

应选择肌肉发达、无大血管通过的部位。一般多选臀部、大腿内侧或外侧。注射部位消毒后，将针头直接刺入肌肉，回抽针如无回血，即可注射。注射量一般为0.2～1.0ml，家兔等大动物注射量一般不超过2ml。

（三）腹腔注射

为避免伤及内脏，仰卧固定动物，使腹部朝上，头部朝下，使动物身躯前低后高，使内脏移向上腹。消毒腹部皮肤后，先将针头刺入皮下，沿皮下朝头部方向进针0.5～1.0cm平穿入腹腔皮下，再将针头立起，以45°角刺入腹腔，此时有落空感，回抽无肠液、尿液或血液，即可缓缓注入。家兔等较大动物注射，应先固定，于腹部腹中线旁侧1cm处进针。小鼠注射量一般为0.5～1.0ml中豚鼠、家兔注射量一般为1.0～3.0ml。

（四）静脉注射

小鼠的注射部位为尾静脉，豚鼠为后腿下部外侧静脉（一般少用），家兔为耳静脉。

1.小鼠

常选用尾部两侧静脉注射。固定小鼠使尾巴露出，置45～50℃温水浸泡1～2min或用酒精擦拭，使尾部静脉扩张。取出尾巴，擦干消毒，在末端1/3或1/4处用镊子将尾根夹紧（或左手捏住），右手持注射器，针头与静脉平行缓慢进针，试注入少许注射液，如无阻力，皮下不发白，表示针头刺入静脉，否则应更换部位重扎。注射完毕后，把尾部向注射侧弯曲以止血。如需反复注射，应尽可能从末端开始，以后向尾根部方向移动注射。注射量一般为0.1～1.0ml。

2.家兔

家兔耳部血管分布清晰，外缘静脉表浅易固定，常用于静脉注射。首先将家兔固定，用浸有二甲苯或酒精的棉球涂擦耳静脉处，并按压耳翼以压迫耳根部静脉，使血管扩张。助手用手指压紧耳根部，固定好头部，注射者用左手拇指与中、食指抓住耳尖部，从耳尖部边缘静脉平行进针，试推进少量注射液，如觉得没有阻力，局部也没有隆起，表示已进入静脉，助手将耳根的手指松开，将注射液缓缓注入。若失败，再逐步向耳根部位重新注射。注射完毕，用棉球压住针眼处，拔出针头。注射量一般为1.0～3.0ml。

（五）皮内注射

注射部位常选择在背部向毛处。将实验动物固定，局部剪毛消毒，然后左手绷紧皮肤，针头斜面向上，紧贴皮肤表层刺入，向上挑起，再稍刺入，慢慢注射。若注入皮内，注射部位立刻隆起小皮丘，否则可能注入皮下。注射完毕，将针头斜面向下旋转一周再拔出，以免注射液外漏。一般注射量为0.1～0.2ml。

三、实验动物观察和剖检

（一）接种后观察

实验动物经接种后，应注意隔离，严防散毒，由专人负责饲养管理，编号并做详细记录。应每日观察1～2次，观察的项目有食欲、排泄物、精神状态、被毛、运动情况、体温、呼吸、心跳、脉搏、体重、接种局部有无异常及鼻眼有无分泌物等。

（二）实验动物剖检

1.实验动物剖检时间

动物接种后，如有发病或死亡时，应及时解剖，以免尸体腐败，影响病原体分离及病变观察。对观察期已满但未死亡的动物，应人工处死后进行解剖。

2.解剖前准备

解剖前，可将实验动物尸体浸于消毒水中片刻（3%来苏儿水或5%苯酚中消毒5～10min），再将尸体腹部向上，固定在解剖台上。若为小白鼠，可用大头针将四肢钉于木板上；若为豚鼠、家兔，可用绳子将四肢固定于解剖板四周的钉子上，再将解剖板放于搪瓷盘中。此时，可检查外部，观察接种部位有无病变，如红肿、水肿、坏死、溃疡等，并做记录。

3.实验动物剖检

（1）用酒精消毒皮肤，然后自耻骨结合部开始，向前沿腹中线剪开皮肤和肌肉（或从下顿沿线垂直行至趾骨结合部），并向两侧剥离。

（2）观察注射部位及皮下组织、淋巴结（腋下、腹壁及腹股沟）的变化。

（3）另用一把灭菌剪子，由剑状软骨开始一直到肛门，切开腹肌和腹膜（防止损伤肠管），露出内脏器官，观察肝、脾、肾、肠等脏器的病理变化及胃肠内容物的性状。

（4）剪开膈，并沿肋骨两侧剪断肋骨，露出胸腔脏器，观察病变。

（5）最后取病变组织，涂片后染色镜检或进行细菌的分离培养、病毒学检查及病理组织学检查。对检查结果做详细记录。

4.剖检后的尸体处理

剖检完毕，应将尸体烧毁或在消毒液中浸泡后深埋，所用器材应彻底消毒处理，实验人员也应进行严格的消毒。

第五章
食品中常见病原微生物检验

第一节　食品中沙门氏菌检验

一、生物学特性

沙门氏菌是肠杆菌中的一个大菌属，广泛存在于水和土壤中，在工厂和厨房设施的表面上都发现有该类细菌。到目前为止，已发现有近2000个血清型和生化型。[①]它们主要寄生在人和动物的肠道内，可使其发生疾病。沙门氏菌为革兰氏阴性的短杆菌，不产芽孢及荚膜，周生鞭毛，能运动，兼性厌氧。嗜温性，最适生长温度37℃，但在18～200℃时也能生长繁殖，且具有相当的抗寒性，如在0℃以下的冰雪中能存活3～4个月，在自然环境的粪便中可存活1～2个月。沙门氏菌的耐盐性很强，在含盐10%～15%的腌鱼、腌肉中能存活2～3个月。高水分活度下生长良好，当水分活度低于0.94时生长受抑。抗热性差，在60℃经20～30min就可被杀死。因此，蒸煮、巴氏消毒、正常家庭烹调、注意个人卫生等均可防止沙门氏菌污染。沙门氏菌不产生尿素酶，不利用丙二酸钠，不液化明胶，在含有氰化钾的培养基上不能生长。能使赖氨酸、精氨酸、鸟氨酸脱羧基，不发酵蔗糖、乳糖、水杨苷等，在TSI、BS、HE、DHL等选择性培养基上生长，都产生它们特有的菌落特征。

二、沙门氏菌食物中毒

沙门氏菌很容易通过食品传染给人，发生食物中毒。沙门氏菌食物中毒的主要临床症状为急性肠胃炎症状，如呕吐、腹痛、腹泻，腹泻一天可达数次，甚至十多次，还可引起头痛、发热等。沙门氏菌食品中毒的潜伏期一般为12～36h，潜伏期的长短与进食菌的数量以及菌的致病力强弱有关。致病力强的沙门氏菌，当每克或每毫升食品中含菌量在2×10^5个时，即可导致发病。中毒严重可引起死亡。

沙门氏菌可以通过人和动物的患者或带菌者，以各种途径散布，也可以是被污染的食品、物品，通过人手、老鼠或苍蝇等昆虫作为媒介再传染

① 陈玲，张菊梅等．南方食品中沙门氏菌污染调查及分析[J]．微生物学报，2013，（12）：61-62.

给其他食品，从而引发食物中毒。

三、检验

食品中沙门氏菌的检验是食品卫生和检验工作者所必须掌握的一项基本技术。沙门氏菌检验目前通用的方法分5个步骤：前增菌、选择性增菌、选择性平板分离、生物化学筛选和血清学鉴定。

国家卫生和计划生育委员会2010年3月16日发布了《食品安全国家标准 食品微生物学检验沙门氏菌检验》（GB4789.4–2010）。该标准与GB4789.4–2008比较，主要修改了培养基和试剂，修改了设备和材料，并说明了该标准的适用范围是食品中沙门氏菌的检验。下面按GB 4789.4–2016要求，介绍沙门氏菌检验技术。

（一）检验程序

沙门氏菌检验程序如图5–1所示。

（二）操作步骤

1、前增菌

第一步，取用25g或者25ml样品放入无菌质杯中，再加入225mlBPW溶液。

第二步，以8000～10000r/min转速摇匀混合液1～2min，或者将混合液放在无菌均质袋中，适用拍击式均质器拍打1～2min，如果样品经过均质处理后呈现液态则停止均质，振荡均匀即可，如果仍然呈现液固混合状，则继续均质处理。

第三步，pH调节。如果需要pH调节，使用1mol/ml无菌NaOH作为碱性调制液或1mol/ml无菌HCl作为酸性调制液，调制pH值至6.8±0.2范围内。

第四步，无菌条件下，将上述处理完毕后的样品转移至500ml锥形瓶或者其他适容容器内进行培养，在（36±1）℃培养8～18h。如果样品需要冷冻处理，则应该先行进行解冻，在45℃以下不超过15min或32±5℃不超过18h解冻。

2、增菌

第一步，轻轻摇匀经过培养的样品混合物，吸取1ml，将其转种于10ml的TTB内，在（42±1）℃培养8～24h进行增菌。

第二步，另外吸取1ml，将其转种于10ml的SC内，在（36±1）℃培养18～24h进行增菌。

3、分离

第一步，用接种环取上述增菌液一环，通过划线接种方法接种于一个BS琼脂平板和一个XLD琼脂平板。

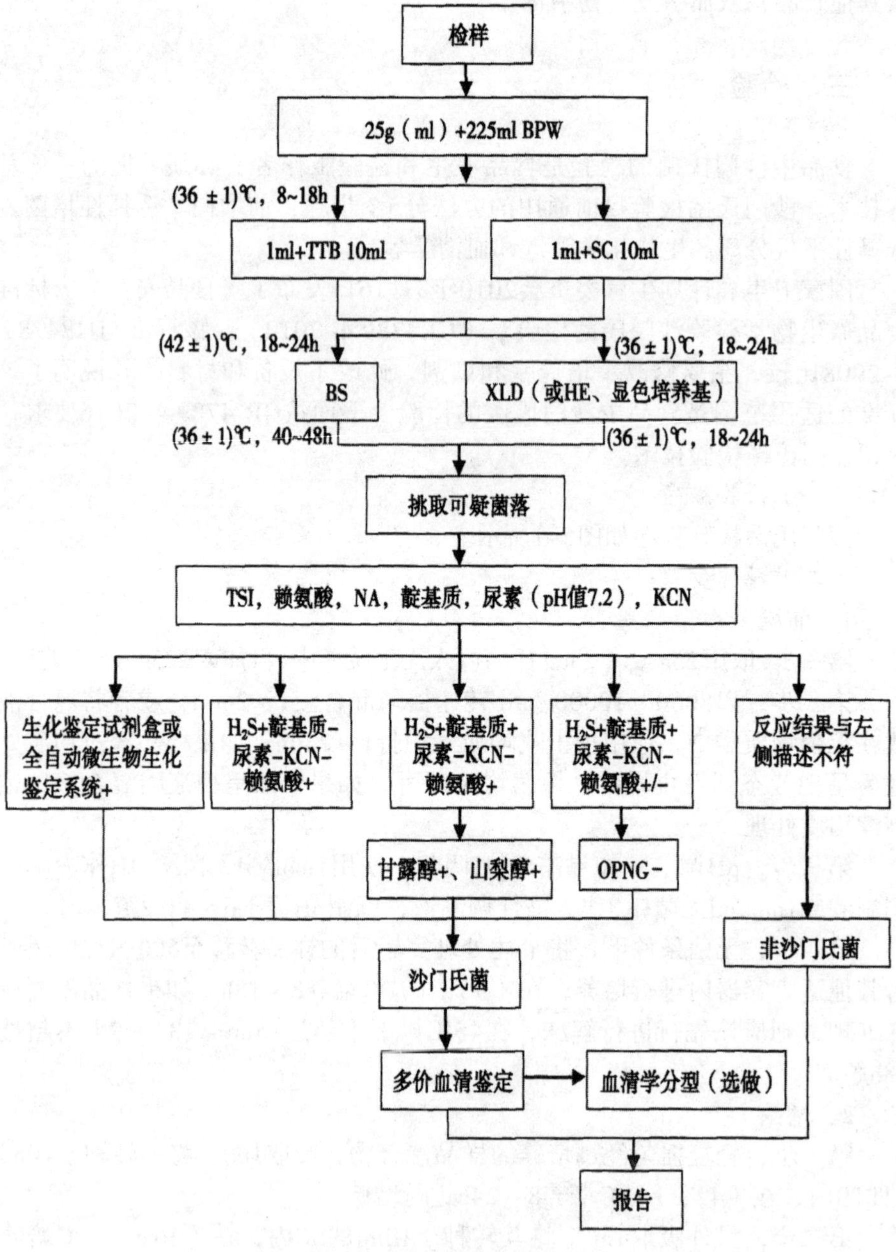

图5-1　沙门氏菌检验程序

第二步，XLD琼脂平板在（36±1）℃培养18~24h，BS琼脂平板在（36±1）℃培养40~48h。

第三步，观察两个平板上生长的菌落特征进行结果判定。各个平板上的菌落特征结果见表5–1。

表5–1　沙门氏菌属在不同选择性琼脂平板上的菌落特征表现

选择性琼脂平板	沙门氏菌
BS琼脂	菌落为黑色有金属光泽、棕褐色或灰色，菌落周围培养基可呈黑色或棕色；有些菌株形成灰绿色的菌落，周围培养基不变
HE琼脂	蓝绿色或蓝色，多数菌落中心黑色或几乎全黑色；有些菌株为黄色，中心黑色或几乎全黑色
XLD琼脂	菌落呈粉红色，带或不带黑色中心，有些菌株可呈现大的带光泽的黑色中心，或呈现全部黑色的菌落；有些菌株为黄色菌落，带或不带黑色中心
沙门氏菌属显色培养基	按照显色培养基的说明进行判定

4、生化实验

第一步，从自选择性琼脂平板式分辨挑选两个以上具有典型特征的可疑菌落。

第二步，通过先在斜面划线再从层穿刺的方法，接种三糖铁琼脂。

第三步，接种针不消毒处理，依照上述方法再次接种氨酸脱羧酶实验培养基和营养琼脂平板。

第四步，在（36±1）℃培养18～24h，必要时可延长至48h。

第五步，观察实验结果，确定菌类特性。

沙门氏菌属的特征结果如表5–2所示。

表5–2　沙门氏菌属在三糖铁琼脂和赖氨酸脱羟酶实验培养基内的反应结果

三糖铁琼脂				赖氨酸脱羟酶实验培养基	初步判断
斜面	底层	产气	硫化氢		
K	A	+（–）	+（–）	+	可疑沙门氏菌属
K	A	+（–）	+（–）	–	可疑沙门氏菌属
A	A	+（–）	+（–）	+	可疑沙门氏菌属
A	A	+/–	+/–	–	非沙门氏菌属
K	K	+/–	+/–	+/–	非沙门氏菌属

另外，在接种三糖铁琼脂和赖氨酸脱羧酶实验培养基的同时，可直接对蛋白胨水（供做靛基质实验）、尿素琼脂（pH值7.2）、氰化钾（KCN）培养基进行接种，同样能够达到初步判定的目的。首先，从自选择性的琼脂平板上挑出可疑菌落进行接种，然后在（36±1）℃下培养18~24h增菌，如有必要可延长至48h。按表5-3进行结果判定。另外，将已经过挑选的菌落的平板储存于2~5℃环境或室温至少保留24h，不要废弃处理，以备复查时使用。

表5-3　沙门氏菌属生化反应初步鉴定

反应序号	硫化氢（H_2S）	靛基质	pH值7.2尿素	氰化钾（KCN）	赖氨酸脱羟酶A1
A1	+	–	–	–	+
A2	+	+	–	–	+
A3	–	–	–	–	+/–

①反应结果如果符合A1。则可判定为沙门氏菌属。如果尿素、KCN和赖氨酸脱羧酶的三项中有一项异常，按表5 -4所示可判定为沙门氏菌。如有两项异常为非沙门氏菌。

表5-4　沙门氏菌属生化反应初步鉴定

pH值7.2尿素	氰化钾（KCN）	赖氨酸脱羟酶	判定结果
–	–	–	甲型副伤寒沙门氏菌（要血清学鉴定结果）
–	+	+	沙门氏菌Ⅳ或Ⅴ（要求符合本群生化特性）
+	–	+	沙门氏菌个别变体（要求血清学鉴定结果）

注：+阳性；–阴性。

②反应结果如果符合A2 。则需要进一步补做甘露醇和山梨醇实验，沙门氏菌靛基质阳性变体两项实验结果均为阳性，但需要结合血清学鉴定结果进行判定。

③反应结果如果符合 A3 。则需要补做 ONPG。ONPG 阴性则可判定为沙门氏菌，同时赖氨酸脱羧酶阳性，甲型副伤寒沙门氏菌为赖氨酸脱羧酶阴性。

④如果有必要时可以按表5–5进行沙门氏菌生化群的鉴别。

表5-5　沙门氏菌属各生化群的鉴别

项目	Ⅰ	Ⅱ	Ⅲ	Ⅳ	Ⅴ	Ⅵ
卫矛醇	+	+	–	–	+	–
山梨醇	+	+	+	+	+	–
水杨苷	–	–	–	+	–	–
OVPG	–	–	+	–	+	–
丙二酸盐	–	+	+	–	–	–
KCN	–	–	–	+	+	–

注：+阳性；–阴性。

如果使用生化鉴定试剂盒或者全自动微生物生化鉴定系统，则根据①的初步判定结果，先从营养琼脂平板提取可疑菌落作为样品，经过生理盐水制成菌悬液，然后使用试剂盒或者鉴定系统进行进一步的鉴定。这里要求菌悬液的浑浊度要适中，不可太高也不可太低。

（三）结果与报告

通过上述检验步骤，一般可以得出是否含有沙门氏菌的确切结论，能够出具相关报告。如果实验结果仍然模糊不清晰，则需要进一步增加血清学反应实验来判定是否为沙门氏菌属菌落。如果需要进行血清学分型实验，则可以根据相关资料提供的依据加上实验结果分析，开具具体报告。报告结果为25ml样品中检出或者没有检出沙门氏菌。

第二节　食品中金黄色葡萄球菌检验

葡萄球菌是引起创伤性化脓的常见致病性球菌。该菌污染食品后，在适宜的条件下生长繁殖，产生肠毒素，引起食物中毒。

葡萄球菌过去是依据菌落的颜色将其分为金黄色葡萄球菌、白色葡萄球菌、柠檬色葡萄球菌3种。1974年，《伯志氏细菌鉴定手册》第八版根据生化性状将其分为金黄色葡萄球菌、表皮葡萄球菌、腐生葡萄球菌3种。其中，以金黄色葡萄球菌致病力最强，也是与食物中毒关系最密切的一种。食品中生长金黄色葡萄球菌是食品卫生上的一种潜在危险，因为金黄色葡萄球菌可以产生肠毒素，食用后能引起食物中毒。因此，检查食品中金黄色葡萄球菌有实际意义。

一、生物学特性

（一）形态与染色特性

葡萄球菌因为呈球形，且其堆积形状如葡萄串状而得名。葡萄球菌也分为致病性和非致病性两种，致病性的葡萄球菌体积小于非致病性葡萄球菌。葡萄球菌的直径为0.4～1.2μm，繁殖时向多个平面同时不规则分裂。葡萄球菌无鞭毛和芽孢，通常情况下不形成荚膜。在液体培养基中进行培养时，由于呈现球状或者短链状排列而被误认为是链球菌。在染色方面，葡萄球菌容易被碱性染料染色，革兰氏染色阳性，在死亡或者被吞噬过后转变为革兰氏阴性，衰老后也会转变为革兰氏阴性，对青霉素耐药性的金黄色葡萄球菌也呈现革兰氏阴性。

（二）培养特性

金黄色葡萄球菌生存能力极强，对周围环境的营养条件要求并不高，可以在普通的培养基上良好地进行生长，最佳生长温度为37℃，最适宜生长酸碱度pH值为7.4。另外，金黄色葡萄球菌具有很高的耐盐性，能够在盐度为10%～15%的氯化钠肉汤中生长。产生大量毒素的环境要求是20%～30% CO含量环境。

普通肉汤培养方式：在37℃的普通肉汤中持续培养24h，呈均匀混浊状态。持续培养2～3d后，可以形成菌膜，试管底部会形成大量的黏稠沉淀。

普通琼脂：培养24～48h后，会形成菌落，菌落形状特征为圆形、凸起、边缘不整齐、表面光滑，外表特征为湿润、有光泽、不透明，大小特征为直径为1～2mm，也会出现大至4～5mm的菌落。不同的菌株能产生不同的脂溶性色素，例如金黄色、白色和柠檬色等，导致成片菌落会显示出不同的颜色。

血琼脂平板：使用血琼脂平板培养的葡萄球菌特点是菌落较大，可以产生溶血毒素。产生溶血毒素是致病葡萄球杆菌具备的特点，而且会在菌落的四周围形成一圈很明显的溶血环。如果该培养基上的葡萄球菌是非致病性球菌，则不会出现溶血环现象。

Baird－Parker平板：经过此平板培养的菌落形状特征为圆形、光滑凸起，外表特征为湿润、周围有一圈混浊带，在最外层有一圈透明带，大小特征为直径为2～3mm。菌落具备奶油或者树胶的硬度特性。与典型的葡萄球菌菌落相对比，经过长期保存的冷冻食品或者干燥剂添加食品所产生的菌落色泽明显较淡、偏黑，外观粗糙、不整齐，并且较干燥。

（三）生化特性

金黄色葡萄球菌可以分解大部分糖类，如葡萄糖、蔗糖、麦芽糖等，特点是只产生对应的酸，不会产生气体。

甲基红反应阳性，V-P实验不定，不产生靛基质，能使硝酸盐还原为亚硝酸盐，凝固牛乳（有时被胨化），能产生氨和少量硫化氢。

（四）血清学特性

葡萄球菌经水解后，用沉淀法分析，具有以下两种抗原成分。

（1）蛋白质抗原。蛋白质抗原为完全抗原，有种属特异性，无型特异性。在电镜下可见此种抗原存在于葡萄球菌的表面，是细菌的一种表面成分，称为A蛋白。[①]90%以上的金黄色葡萄球菌有此抗原。此抗原能抑制吞噬细胞的吞噬作用，对于T细胞、B细胞是良好的促分裂原。

（2）多糖类抗原。多糖类抗原为半抗原，具有型特异性。可利用此抗原对葡萄球菌进行分型，根据葡萄球菌抗原构造目前分为9个型。该血清型对区别有无致病性无意义。

二、葡萄球菌食物中毒

葡萄球菌引起的疾病较多，主要有化脓性感染（如毛囊炎、疖、痈、伤口化脓、气管炎、肺炎、中耳炎、脑膜炎、心包炎等）、全身感染（如败血症、脓毒血症等）、食物中毒等。下面着重介绍葡萄球菌食物中毒的情况。

（一）流行病学

葡萄球菌在自然界分布甚广，空气、土壤、水及物品上，特别是人和家畜的鼻和喉都有该菌存在。据报道，正常人中30%～80%带菌。曾有人从5%～40%的人皮肤上分离到该菌，人手也是重要的污染带菌部位。

食物中毒主要是由致病性葡萄球菌产生的肠毒素引起的。在我国是比较常见的食物中毒。其原因是患有化脓性疾病的人接触食品，将葡萄球菌污染到食品上，或是患有葡萄球菌症的畜禽，其产品中含有大量葡萄球菌，在适宜的条件下，这些葡萄球菌即可大量繁殖，并产生肠毒素。实验证明，在25～30℃条件下，只要5h即有毒素产生，一般经过8～10h就产生大量的肠毒素。

① 杨玉红．食品微生物学[M]．北京：中国轻工业出版社，2010，第23页。

葡萄球菌引起的食物中毒常发生于夏秋季节，这是因为气温较高，有利于细菌繁殖。但在冬季，受到该菌污染的食品在温度较高的室温保存，也可造成本菌繁殖并产生毒素。

（二）致病性

（1）杀白细胞毒素。该毒素能破坏人和兔的白细胞和巨噬细胞，使其失去活性，最后膨胀破裂。

（2）肠毒素。肠毒素是金黄色葡萄球菌的一种毒性蛋白质产物，有30%～50%的菌株能产生肠毒素。目前已知道至少6种不同抗原性的肠毒素，即A、B、C、D、E、F。其中以A型肠毒素引起的食物中毒最多，B、C型次之。用一般加热饭菜的温度不能使肠毒素污染严重的食品完全无害。

（3）血浆凝固酶。

（4）透明质酸酶。有利于细菌和毒素在机体内扩散，又称为扩散因子。

（5）脱氧核糖核酸酶。

（6）溶纤维蛋白酶。该酶可使人、犬、家兔等的已经凝固的纤维蛋白溶解。

致病性葡萄球菌产生的众多的毒素和酶当中，与食物中毒有密切关系的是肠毒素。

（三）临床症状

葡萄球菌肠毒素随食物进入人体后，潜伏期一般1～5h，最短的为5min左右，很少有超过8h的；呕吐物初为食物，继为水样物，少数可吐出胆汁或含血物及黏液。

三、检验

（一）设备和材料

检验金黄色葡萄球菌所需设备和材料除微生物实验室常规灭菌及培养设备外，其他设备和材料如下。恒温培养箱：（36±1）℃。冰箱：2～5℃。恒温水浴箱：36～56℃。天平：感量0.1g。均质器。振荡器。无菌吸管：1ml（具0.01ml刻度）、10ml（具0.1ml刻度）或微量移液器及吸头。无菌锥形瓶：容量100ml、500ml。无菌培养皿：直径90mm。注射器：0.5ml。涂布棒。pH计或pH比色管或精密pH试纸。

（二）培养基和试剂

检验金黄色葡萄球菌所需培养基和试剂如下：10%氯化钠胰酪胨大豆肉汤；营养琼脂小斜面；血琼脂平板；Baird－Parker琼脂平板；7.5%氯化钠肉汤；脑心浸出液肉汤（BHI）；兔血浆；稀释液、磷酸盐缓冲液；革兰氏染色液；0.85%无菌生理盐水。

（三）金黄色葡萄球菌定性检验（第一法）

1、检验程序

金黄色葡萄球菌的定性检验通常情况下使用如图5-2所示的检验程序。

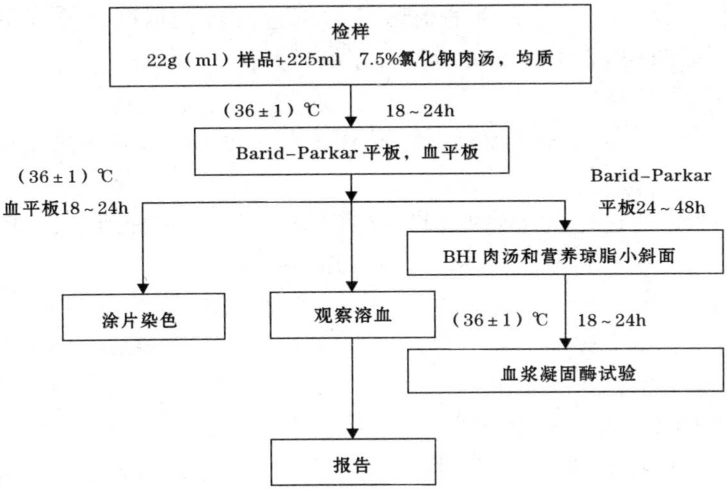

图5-2　金黄色葡萄球菌常用检验程序

2、操作步骤

第一步，取用25g或者25ml样品放入无菌质杯中，再加入225ml含有7.5%氯化钠的肉汤中。

第二步，以8000～10000r/min转速摇匀混合液1～2min，或者将混合液放在无菌均质袋中，适用拍击式均质器拍打1～2min；如果样品经过均质处理后呈现液态则停止均质，振荡均匀即可，如果仍然呈现液固混合状则继续均质处理。

3、增菌

轻轻摇匀经过培养的样品混合物，吸取25ml，无菌条件下，将上述处理完毕后的样品在（36±1）℃培养18～24h。

4、分离

第一步，用接种环取上述增菌液一环，通过划线接种方法接种于一个Baird－Parker平板和一个血平板。

第二步，Baird － Parker平板在（36±1）℃培养24～48h，血平板在（36±1）℃培养18～24h。

5、结果鉴定

初步鉴定。鉴定依据为：菌落形状特征为圆形、光滑凸起，外表特征为湿润、周围有一圈混浊带，在最外层有一圈透明带，大小特征为直径

2～3mm。菌落具备奶油或者树胶的硬度特性。与典型的葡萄球菌菌落相对比，经过长期保存的冷冻食品或者干燥剂添加食品所产生的菌落色泽明显较淡、偏黑，外观粗糙不整齐并且较干燥。

进一步鉴定。鉴定依据为：

①染色镜鉴定。金黄色葡萄球菌为革兰氏阳性球菌，排列呈葡萄球状，直径范围一般在0.5～1μm，没有芽孢和荚膜。

②血浆凝固酶实验。

第一步，从自选择性琼脂平板式分辨挑选两个以上具有典型特征的可疑菌落。

第二步，通过先在斜面划线再从层穿刺的方法，接种到5ml BHI。

第三步，在（36±1）℃培养18～24h。

第四步，取新鲜配置的兔血浆0.5ml，并加入BHI培养物0.2～0.3ml。

第五步，将上述混合液摇匀，置于（36 +1）℃温箱或水浴箱内，每隔半小时观察一次，共持续6h。

将试管倾斜或者倒置时候，有凝块出现，则说明有凝固现象发生，结果可以判定为阳性。如果结果不明显或者可疑，则重复进行BHI琼脂板实验。

6、结果与报告

（1）结果判定。通过上述判断依据判定金黄色葡萄球菌检验结果是否为阳性。

（2）结果报告。经过实验，在25g（ml）样品中检出或未检出被检样品含有金黄色葡萄球菌。

（四）金黄色葡萄球菌Baird－Parker平板计数（第二法）

1、检验程序

黄色葡萄球菌平板计数法的检验程序如图5–3所示。

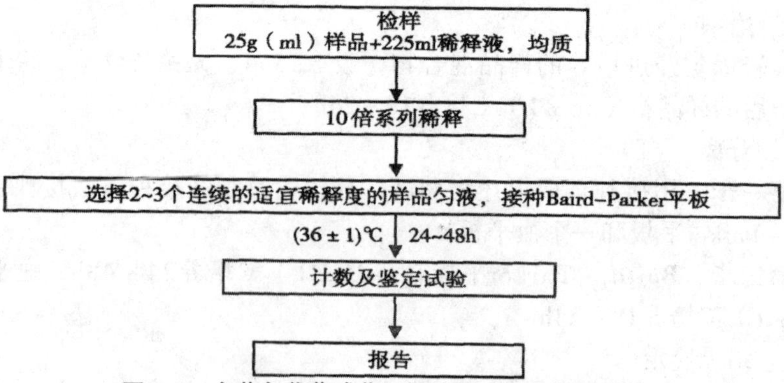

图5–3 金黄色葡萄球菌平板计数法标准检验程序

2、操作步骤

（1）样品的稀释。

第一步，取用25g或者25ml样品放入无菌质杯中，再加入225ml磷酸缓冲液或者生理盐水溶液。

第二步，以8000～10000r/min转速摇匀混合液1～2min，或者将混合液放在无菌均质袋中，适用拍击式均质器拍打1～2min，如果样品经过均质处理后呈现液态则停止均质，振荡均匀即可，如果仍然呈现液固混合状则继续均质处理。

第三步，在无菌环境下，吸取1ml混合均匀的水样，将其注入到9ml灭菌生理盐水的试管中，制成1∶10的混合稀释液。

第四步，吸取1∶10的混合稀释液1ml再次注入到9ml的灭菌生理盐水试管中，混合均匀制成1∶100的混合稀释液。以此类推，制成1∶1000、1∶10000的均匀稀释液。在吸取过程中，每吸取一次则必须更换一次1ml灭菌吸管。

（2）样品的接种。

第一步，选择2～3个适宜稀释度的样品匀液，选择原则是根据对样品污染实际情况的估计选用稀释度样品混合液。每个稀释度吸取1ml样品混合液。

第二步，1ml分为0.3ml、0.3ml、0.4ml三份进行接种。用接种环取上述增菌液一环，通过划线接种方法接种于三个Baird－Parker平板。

第三步，使用无菌涂布将接种液涂满整个接种板，避免涂抹接种板边缘。

（3）培养。

涂布结束后，将平板静置10min，然后倒置放于培养箱中，（36±1）℃培养24～48h。如果样品混合液不易吸收，可以先将平板放在培养箱（36±1）℃先行培养1h。

（4）典型菌落计数和确认。

①金黄色葡萄球菌在Baird－Parker平板上的菌落形状特征为圆形、光滑凸起，外表特征为湿润、周围有一圈混浊带，在最外层有一圈透明带，大小特征为直径为2～3mm。菌落具备奶油或者树胶的硬度特性。与典型的葡萄球菌菌落相对比，经过长期保存的冷冻食品或者干燥剂添加食品所产生的菌落色泽明显较淡、偏黑，外观粗糙不整齐并且较干燥。

②选择计数的金黄色葡萄球菌落的平板必须满足两个条件。第一，金黄色葡萄球菌菌落必须具有上述的典型特征。第二，同一稀释度的三个平板所有菌落计数合计都必须在20～200CFU的平板区间。不同情况及处理方法如下所示：

如果所有的培养平板中只有一个稀释度平板的菌落数在20～200CFU范围内，并且具有典型菌落，则以该稀释度平板上的典型菌落为计数标准；

如果最低稀释度平板的菌落数小于20CFU，并且具有典型菌落，则以该稀释度平板上的典型菌落为计数标准；

如果某一稀释度平板的菌落数大于200CFU，并且具有典型菌落特征，而且下一稀释度平板上没有典型菌落，则以该稀释度平板上的典型菌落为计数标准；

如果某一稀释度平板的菌落数大于200CFU，并且具有典型菌落特征，而且下一稀释度平板上也具有典型菌落，但其平板上的菌落数不在20～200CFU，则以该稀释度平板上的典型菌落为计数标准，按公式（5-1）进行计算；

如果两个连续稀释度的平板菌落数均在20～200CFU，则按公式（5-2）进行计算。

3、结果计算

$$T=\frac{AC}{D} \tag{5-1}$$

式中：T——样品中金黄色葡萄球菌菌落数；

A——某一稀释度典型菌落的总数；

C——某一稀释度用于鉴定实验的菌落数；

D——稀释因子。

$$T=\frac{\frac{A_1B_1}{C_1}+\frac{A_2B_2}{C_2}}{1.1d} \tag{5-2}$$

4、结果与报告

报告Baird－Parker平板上金黄色葡萄球菌的典型菌落数，并按照对应的计算公式计算，给出最终结果。结果中应该包含每g（ml）样品中金黄色葡萄球菌数，用CFU/g（ml）来表示。

第三节　食品中致泻性大肠埃希氏菌检验

大肠埃希氏菌俗称大肠杆菌，是人类和动物肠道正常菌群的主要成员，每克粪便中约含有10^9个大肠埃希氏菌。大肠埃希氏菌随粪便排出后，广泛分布于自然界中。食品中检出大肠埃希氏菌，即意味着直接或间接地被粪便污染，故在卫生学上被称为卫生监督的指示菌。

一、生物学特性

（一）形态染色

本属细菌均为革兰氏阴性两端钝圆的中等杆菌，大小为（2～3）μm×0.61μm，有时近似球形。多数菌株有5～8根鞭毛，运动活泼，周身有菌毛。对一般碱性染料着色良好，有时两端着色较深。

（二）培养特性

本属细菌为需氧或兼性厌氧菌。对营养要求不高，在普通培养基上均能生长良好。最适pH值为7.2～7.4，最适温度为37℃。

（三）生化特性

大肠埃希氏菌发酵葡萄糖、麦芽糖、甘露醇等，均产酸产气，大部分菌株可迅速发酵乳糖。

各菌株对蔗糖、水杨苷、卫矛醇及棉籽糖的发酵力不一致；MR反应阳性；V-P反应阴性，尿素酶阴性，不形成H_2S，能产生吲哚，不能在含KCN的培养基中生长，不利用柠檬酸盐，可使谷氨酸和赖氨酸脱去羧基，苯丙氨酸反应为阴性。

（四）抵抗力

本属细菌在自然界生存能力较强，在土壤、水中可存活数月，在冷藏条件下存活更久，对热抵抗力不强，60℃时30min即可杀死。

对磺胺、链霉素、土霉素、金霉素和氯霉素等敏感，而青霉素对它的作用弱，易产生耐药菌株。

二、致病性大肠埃希氏菌食物中毒

（一）流行病学

致病性大肠埃希氏菌在自然界的分布非常广泛，常污染食品及餐具。人及动物均有健康带菌现象，牛、猪带菌对本菌引起的食物中毒至关重要。人的健康带菌在流行病学上具有重要意义。

本菌引起的食物中毒以动物性食品比较多见，主要为肉类食品。动物生前感染以及带菌，是引起本菌食物中毒的重要原因。

食品加工和饮食行业工作人员带菌，饮用水或食品工业用水遭受污染，也是本菌引起食物中毒不可忽视的原因。

（二）致病性

（1）侵袭力。大肠杆菌具有K抗原和菌毛，K抗原具有抗吞噬作用，有抵抗抗体和补体的作用，菌毛能帮助细菌黏附于肠黏膜表面。有侵袭力的菌株可以侵犯肠道黏膜引起炎症。

（2）内毒素。大肠杆菌细胞壁具有内毒素的活性。

（3）肠毒素。有两种，不耐热肠毒素（LT），其成分可能是蛋白质，加热65℃经30min即被破坏，LT作用是激活小肠上皮细胞内的腺苷酸环化酶，使ATP转化为CAMP，促进肠黏膜细胞的分泌功能，使肠液大量分泌，引起腹泻；耐热性肠毒素（ST），无免疫性，耐热，100℃经10～20min不被破坏，也可使肠道上皮细胞的CAMP水平升高，引起腹泻。

（三）所致疾病

（1）肠外感染。大肠杆菌是引起人类泌尿系统感染最常见的病原菌，也是革兰氏阴性杆菌败血症的常见病因。此外还可引起胆囊炎、肺炎，以及新生儿或婴儿脑膜炎等。

（2）腹泻。能引起腹泻的大肠杆菌有以下四组。

①ETEC，是婴幼儿及旅行者腹泻的主要原因。

②EPEC，是婴儿腹泻的主要原因。

③EIEC，本组细菌主要引起较大儿童和成年人腹泻，有时能形成暴发流行。

④EHEC，这是20世纪80年代才被微生物学家发现的一种新的肠道病原菌。1982年在美国西部首次暴发，1984年在日本发现O157：H7引起的腹泻，1996年夏季在日本大规模流行。其主要临床症状是潜伏期长（4～9天），轻者表现为腹泻、腹痛、呕吐，重者表现为水样腹泻，易引起老幼患者死亡。

国家卫生和计划生育委员会2003年8月11日发布了《食品卫生微生物学检验致泻大肠埃希氏菌检验》（GB/T 4789. 6-2003）。本标准规定了食品中致泻大肠埃希氏菌的检验方法。

本标准适用于食品和食物中毒样品中致泻大肠埃希氏菌的检验。下面以GB 4789. 6-2016为蓝本，介绍食品中致泻性大肠埃希氏菌检验。

三、检验

（一）设备和材料

冰箱（2～5℃）。恒温培养箱[（36±1）℃、（42±1）℃]。恒温水浴

锅[100℃、(50±1)℃]。显微镜（10倍～100倍）。离心机（3000r/min）。酶标仪。均质器或灭菌乳钵。架盘药物天平：0～500g，精准至0.5g。细菌浊度比浊管（Mac Farland 3号）。灭菌广口瓶：500ml。灭菌锥形瓶：500ml、250ml。灭菌吸管：1ml、5ml。灭菌培养皿。灭菌试管。注射器。灭菌的刀子、剪子、镊子等。小白鼠：1～4日龄。硝酸纤维素滤膜：150mm×50mm。

（二）培养基和试剂

产肠毒素LT和ST大肠埃希氏菌标准菌株；抗LT抗毒素；多黏菌素B纸片；0.1%硫柳汞溶液；2%伊文思兰溶液。

（三）检验程序

致泻大肠埃希氏菌检验程序见图5-4。

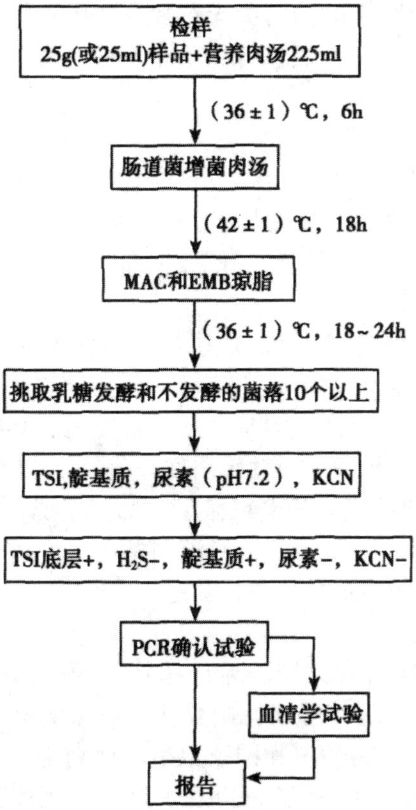

图5-4　致泻大肠埃希氏菌检验程序

（四）操作步骤

1、样品制备

（1）固态或半固态样品。以无菌操作称取检样25g，加入装有225ml营养肉汤的均质杯中，用旋转刀片式均质器以8000～10000r/min均质

1～2min；或加入装有225ml营养肉汤的均质袋中，用拍击式均质器均质1～2min。

（2）液态样品。以无菌操作量取检样25ml，加入装有225ml营养肉汤的无菌锥形瓶（瓶内可预置适当数量的无菌玻璃珠），振荡混匀。

2、增菌

将步骤1制备的样品匀液于（36±1）℃培养6h。取10μl，接种于30ml肠道菌增菌肉汤管内，于（42±1）℃培养18h。

3、分离

将增菌液划线接种MAC和EMB琼脂平板，于（36±1）℃培养18～24h，观察菌落特征。在MAC琼脂平板上，分解乳糖的典型菌落为砖红色至桃红色，不分解乳糖的菌落为无色或淡粉色；在EMB琼脂平板上，分解乳糖的典型菌落为中心紫黑色带或不带金属光泽，不分解乳糖的菌落为无色或淡粉色。

4、生化实验

（1）选取平板上可疑菌落10～ 20个（10个以下全选），应挑取乳糖发酵以及乳糖不发酵和迟缓发酵的菌落，分别接种TSI斜面，同时将这些培养物分别接种蛋白胨水、尿素琼脂（pH7.2）和KCN肉汤，于（36 +1）℃培养18～ 24h。

（2）TSI斜面产酸或不产酸，底层产酸，靛基质阳性，H_2S阴性和尿素酶阴性的培养物为大肠埃希氏菌。TSI斜面底层不产酸，或H_2S、KCN、尿素有任一项为阳性的培养物，均非大肠埃希氏菌。必要时做革兰氏染色和氧化酶实验。大肠埃希氏菌为革兰氏阴性杆菌，氧化酶阴性。[①]

（3）如选择生化鉴定试剂盒或微生物鉴定系统，可从营养琼脂平板上挑取经纯化的可疑菌落，用无菌稀释液制备成浊度适当的菌悬液，使用生化鉴定试剂盒或微生物鉴定系统进行鉴定。

5、PCR确认实验

（1）取生化反应符合大肠埃希氏菌特征的菌落进行PCR确认实验。PCR实验室区域设计、工作基本原则及注意事项应参照《疾病预防控制中心建设标准》（JB127–2009）和国家卫生和计划生育委员会（原国家卫生部）《医疗机构临床基因扩增管理办法》附录（医疗机构临床基因扩增检验实验室工作导则）。

（2）使用1μl接种环刮取营养琼脂平板或斜面上培养18～24h的菌落，

① 李凤梅．食品微生物检验[M]．北京：化学工业出版社，2015，第164页。

悬浮在200μl、0.85%灭菌生理盐水中，充分打散制成菌悬液，于13000r/min离心3min，弃掉上清液。加入1ml离子水充分混匀菌体，于100℃水浴或者金属浴维持10min；冰浴冷却，13000r/min离心3min，收集上清液；按1：10的比例用灭菌去离子水稀释上清液，取2μl作为PCR检测的模板；所有处理后的DNA模板直接用于PCR反应或暂存于4℃并当天进行PCR反应；否则，应在-20℃以下保存备用（1周内）。也可用细菌基因组提取试剂盒提取细菌DNA，操作方法按照细菌基因组提取试剂盒说明书进行。

（3）每次PCR反应使用EPEC、EIEC、ETEC、STEC/EHEC、EAEC标准菌株作为阳性对照。同时，使用大肠埃希氏菌ATCC25922或等效标准菌株作为阴性对照，以灭菌去离子水作为空白对照，控制PCR体系污染。致泻大肠埃希氏菌特征性基因见表5-6。

表5-6 五种致泻大肠埃希氏菌特征基因

致泻大肠埃希氏菌类别	特征基因	
EPEC	escV或eae bfpB	uidA
STEC/EHEC	escV或eaestx stx	
EIEC	invE或ipaH	
ETEC	ltstp sth	
EAEC	astA aggR pic	

（4）PCR反应体系配制。每个样品初筛需配置12个PCR扩增反应体系，对应检测12个目标基因，具体操作如下：使用TE溶液（pH值8.0）将合成的引物干粉稀释成100μmol/L储存液。根据每种目标基因对应PCR体系内引物的终浓度，使用灭菌去离子水配制12种目标基因扩增所需的10x引物工作液（以uidA基因为例，见表5-7）。将10x引物工作液、10xPCR反应缓冲液、25 mmol/L $MgCl_2$、2.5mmol/L dNTPs、灭菌去离子水从-20℃冰箱中取出，融化并平衡至室温，使用前混匀；5U/μl Taq酶在加样前从-20℃冰箱中取出。每个样品按照表5-8的加液量配制12个25μl反应体系，分别使用12种目标基因对应的10x引物工作液。

表5-7 每种目标基因扩增所需10x引物工作液配制表

引物名称	体积
100Lt，mol/L uidA –F	10x*n*
100Lt，mol/L uidA –R	10x*n*
灭菌去离子水	100–2x（10x*n*）
总体积	100

注：*n*为每条引物在反应体系内的终浓度

表5-8 五种致泻大肠埃希氏菌目标基因扩增体系配制表

试剂名称	加样体积
灭菌去离子水	12.1
10xPCR反应缓冲液	2.5
25mmol/L$MgCl_2$	2.5
2. 5mmol/LdNTPs	3.0
10x引物工作液	2.5
5 U/pLl Taq酶	0.4
DNA模板	2.0
总体积	25

（5）PCR循环条件。预变性94℃、5min；变性94℃、30s，复性63℃、30s，延伸72℃、1.5 min，30个循环；72℃延伸5min。将配制完成的PCR反应管放入PCR仪中，核查PCR反应条件正确后，启动反应程序。

（6）称量4.0g琼脂糖粉，加入200ml的1xTAE电泳缓冲液中，充分混匀。使用微波炉反复加热至沸腾，直到琼脂糖粉完全融化形成清亮透明的溶液。待琼脂糖溶液冷却至60℃左右时，加入溴化乙锭（EB）至终浓度为0.5μl/ml，充分混匀后轻轻倒入已放置好梳子的模具中，凝胶长度要大于10cm，厚度宜为3～5mm。检查梳齿下或梳齿间有无气泡，用一次性吸头小心排掉琼脂糖凝胶中的气泡。当琼脂糖凝胶完全凝结硬化后，轻轻拔出梳子，小心将胶块和胶床放入电泳槽中，样品孔放置在阴极端。向电泳槽中加入1xTAE电泳缓冲液，液面高于胶面1～2mm。将5μl PCR产物与1μl 6x上样缓冲液混匀后，用微量移液器吸取混合液垂直伸入液面下胶孔，小心上样于孔中；阳性对照的PCR反应产物加入到最后一个泳道；第一个泳道中加入2μl分子量Marker。接通电泳仪电源根据公式：电压=电泳槽正负极间的距离（cm）×5V/cm计算并设定电泳仪电压数值；启动电压开关，电泳开始以正负极铂金丝出现气泡为准。电泳30～45min后，切断电源。取出凝胶放入凝胶成像仪中观察结果，拍照并记录数据。

（7）结果判定。电泳结果中空白对照应无条带出现，阴性对照仅有uidA条带扩增，阳性对照中出现所有目标条带，PCR实验结果成立。根据电泳图中目标条带大小，判断目标条带的种类，记录每个泳道中目标条带的种类。

（8）如用商品化PCR试剂盒或多重聚合酶链反应（MPCR）试剂盒，应按照试剂盒说明书进行操作和结果判定。

6、血清学实验（选做项目）

（1）取PCR实验确认为致泻大肠埃希氏菌的菌株进行血清学实验。

注：应按照生产商提供的使用说明进行O抗原和H抗原的鉴定。当生产商的使用说明与下面的描述可能有偏差时，按生产商提供的使用说明进行。

（2）O抗原鉴定。

①假定实验。挑取经生化实验和 PCR 实验证实为致泻大肠埃希氏菌的营养琼脂平板上的菌落。根据致泻大肠埃希氏菌的类别，选用大肠埃希氏菌单价或多价 OK 血清做玻片凝集实验。当与某一种多份 OK 血清凝集时，再与该多价血清所包含的单价 OK 血清做凝集实验。致泻大肠埃希氏菌所包括的 O 抗原群见表 5-9。如与某一单价 OK 血清呈现凝集反应，即为假定实验阳性。

②证实实验。用0.85%灭菌生理盐水制备O抗原悬液，稀释至与Mac Farland 3号比浊管相当的浓度。原效价为1：（160～320）的O血清，用0.5%盐水稀释至1：40 。将稀释血清与抗原悬液于10mm×75mm试管内等量混合，做单管凝集实验。混匀后放于（50±1）℃水浴箱内，经16h后观察结果。如出现凝集，可证实为该O抗原。

表5-9　致泻大肠埃希氏菌主要的O抗原

DEC类别	DEC主要的O抗原
EPEC	O26 O55 O86 O11ab O114O119 O125ac O127 O128ab O142 O158…
STEC/EHEC	O4 O26 O45 O91 O103 O104 O111 O113 O121 O128 O157…
EIEC	O28ac O29 O112ac O115 O124 O135 O136 O143 O144 O152 O164 O167…
ETEC	O6 O11 O15 O20 O25 O26 O27 O63 O78 O85 O114 O115 O128acO148 O149 O159O166 O167…
AEC	O9O62 O73 O101 O134…

（3）H抗原鉴定。

①取菌株穿刺接种半固体琼脂管，（36 ± 1）℃培养18 ~ 24h，取顶部培养物1环接种至BHI液体培养基中，于（36 ± 1）℃培养18 ~ 24h。加入福尔马林至终浓度为0.5%，做玻片凝集或试管凝集实验。

②若待测抗原与血清均无明显凝集，应从首次穿刺培养管中挑取培养物，再进行2 ~ 3次半固体管穿刺培养，按照①进行实验。

7、结果报告

（1）根据生化实验、PCR确认实验的结果，报告25g（或25ml）样品中检出或未检出某类致泻大肠埃希氏菌。

（2）如果进行血清学实验，根据血清学实验的结果，报告25g（或25ml）样品中检出的某类致泻大肠埃希氏菌血清型别。

第四节　食品中志贺氏菌检验

志贺氏菌因为能够引起痢疾，所以又称为痢疾杆菌。可以引起痢疾病症状的致病菌有很多，例如志贺氏菌属、沙门菌属、变性杆菌属等。但是，志贺氏菌的致病最为频繁，可传染性和易感性最高，所以志贺氏菌的指标是食物和饮用水卫生检查的重要常见指标。

志贺氏菌的特点比较明显，不运动，对糖的分解利用率不高，分解糖分时不会产生可见其他。除了运动力与生化反应外，志贺氏菌的进一步分类还需要进行相关的血清学实验。

一、生物学特性

（一）培养特性

需氧或兼性厌氧菌，最适温度37℃，pH值6.4～7.8，在普通琼脂培养基上和SS平板上，形成圆形、微凸、光滑湿润、无色半透明、边缘整齐、中等大小、半透明的光滑型菌落。宋内氏菌菌落一般较大，较不透明，并常出现扁平的粗糙型菌落，在SS平板上可迟缓发酵乳糖，菌落呈玫瑰红色；在肉汤中呈均匀混浊生长，无菌膜形成。

（二）生化特性

（1）可以分解葡萄糖等糖类，但是产生酸不会产生气体，除了宋氏志菌之外，都不会发酵产生乳糖。

（2）V–P实验结果为阴性，不产生H_2S，没有分解酵素的能力。

（3）不会发酵生成金盏花醇、肌醇和水杨苷。

（4）甲基红阳性、靛基质不定。

（5）痢疾志贺氏菌不分解甘露醇，其他（福氏、鲍氏、宋内氏）均可分解甘露醇。

二、致病性

（一）致病因素

志贺氏菌的致病因素主要有三个：侵袭力、菌体内毒素和外毒素。

（1）侵袭力。志贺氏菌因为具有菌毛，所以进入人体大肠后，可以附着在大肠黏膜的上皮细胞上。然后在侵袭蛋白的帮助下穿过上皮细胞，而且还会在黏膜固有层形成感染层。如果志贺氏菌还具有k抗原，那么感染力和致病力会更强。

（2）内毒素。志贺氏菌本身的菌株就有较强的毒素。依附于大肠肠壁后，肠壁的通透性提高，从而使各种毒素吸收进入人体。这些毒素对人体的神经系统和心脑血管系统作用后就会出现临床病症表现，例如发热、神志不清等。另外，内毒素还会破坏大肠黏膜，使大肠发生炎症、溃疡等症状。内毒素还会使大肠的功能紊乱，引起大肠蠕动失调和痉挛，进而引起腹痛等一系列典型的痢疾脓血症状表现。

（3）外毒素。志贺氏菌的外毒素引起主要产生有毒蛋白质，虽然这些蛋白质在70℃可以被轻松杀死，但还是具有很强的致病性和感染性。外毒素主要有以下几种：①神经毒性，将产生的神经毒素注射家兔或者小白鼠，通过中枢神经系统，引起抽搐、四肢麻痹等现象；②细胞毒性，对人体肝细胞和肾细胞都有毒性表现；③肠毒性，具有类似大肠杆菌、霍乱弧菌肠毒素的活性。[①]外毒素可以使大肠肠壁的通透性增加，使外部的毒素和有害物质通过大肠进入人体循环，对人体造成危害。所以，如果志贺氏菌具有外毒素，则引起的痢疾病要比没有外毒素的志贺氏菌严重很多。

（二）致病性

志贺氏菌的致病性主要表现在肠道传染病，高发季节在夏秋两季。志贺氏菌具有极强的传染性，其中10～200个细菌可使10%～50%的被测人群患病，传播手段主要是病人和带菌者通过食物、口水、饮用水等途径感染。志贺氏菌所感染的患者病情最重，其次是福氏菌，最后是宋内氏菌。宋内氏菌引起的症状最轻，福氏菌的排菌时间最长并且很容易转为慢性疾病。

急性细菌性痢疾。急性细菌性痢疾又分为急性典型、急性非典型和急性中毒性菌痢三种类型。其中急性中毒性菌痢在小儿患者中最多见，伴随着腹泻、腹痛发热甚至是全身中毒症状，而且各种类型菌都有发生的可能性。

慢性细菌性痢疾。急性痢疾如果治疗不彻底的话，可能会导致慢性细菌性痢疾。细菌会在患者体内长期保留，所以慢性细菌性痢疾病菌携带者不能够从事饮食、炊事及保育等会发生传染风险的行业和职业。慢性细菌性痢疾病程超过两个月，而且会不间断发作，发作症状表现为急性细菌性痢疾症状，同时直肠镜可以发现病患或者大便培养阳性。

三、检验

（一）设备和材料

恒温培养箱：（36±1）℃。冰箱：2～5℃。恒温水浴箱：36～56℃。天平：感量0.1g。均质器；振荡器。无菌吸管：1ml（具0.01ml刻度）、10ml（具0.1ml刻度）或微量移液器及吸头。无菌锥形瓶：容量100ml、500ml。无菌培养皿：直径90mm。注射器：0.5ml。涂布棒；pH计或pH比色

① 朱颖梅，谭海芳等.我国植物组织培养的发展现状与前景展望[J].疾病检测与控制，2017，（2）：3-4.

管或精密pH试纸。膜过滤系统。厌氧培养装置：（41.5 ± 1）℃。显微镜：10倍 ~ 100倍。

（二）培养基和试剂

志贺氏菌增菌肉汤—新生霉素；麦康凯（MAC）琼脂；三糖铁琼脂；营养琼脂斜面；半固体琼脂；葡萄糖铵培养基；木糖赖氨酸脱氧胆酸盐琼脂；志贺氏菌显色培养基；尿素琼脂；β–半乳糖苷酶培养基；氨基酸脱羧酶实验培养基；黏液酸盐培养基；蛋白胨水，靛基质试剂；糖发酵管；西蒙氏柠檬酸盐培养基；志贺氏菌属诊断血清；生化鉴定试剂盒。

（三）检验程序

志贺氏菌检验程序见图5–5。

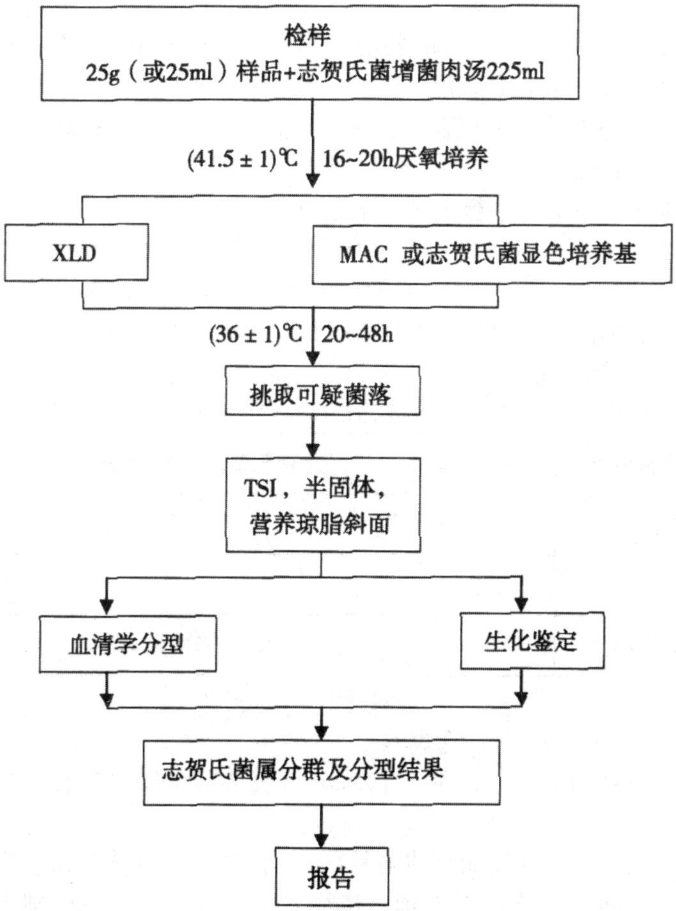

图5–5　志贺氏菌检验程序

（四）操作步骤

1、增菌

第一步，取用25g或者25ml样品放入无菌质杯中，再加入225ml志贺氏菌增菌肉汤。

第二步，以8000～10000r/min转速摇匀混合液1～2min，或者将混合液放在无菌均质袋中，适用拍击式均质器拍打1～2min，如果样品经过均质处理后呈现液态则停止均质，振荡均匀即可，如果仍然呈现液固混合状则继续均质处理。

第三步，无菌条件下，将上述处理完毕后的样品转移至500ml锥形瓶或者其他适容容器内进行培养，于（41.5±1）℃，厌氧培养16～20h。

2、分离

第一步，用接种环取上述增菌液一环，通过划线接种方法接种于一个MAC琼脂平板和一个XLD琼脂平板。

第二步，XLD琼脂平板在（36±1）℃培养20～24h，MAC琼脂平板在（36±1）℃培养20～48h。

第三步，观察两个平板上生长的菌落特征，进行结果判定。

通常情况下，宋内氏志贺氏菌的单个菌落直径大于其他志贺氏菌。如果实验结果出现的菌落特征不典型或者实验结果产生的菌落体积较小而且不易观察，则继续培养至48h再次观察。志贺氏菌在不同选择性琼脂平板上的菌落特征如表5-10所示。

表5-10　志贺氏菌在不同选择性琼脂平板上的菌落特征

选择性琼脂平板	志贺氏菌的菌落特征
MAC琼脂	无色至浅粉红色，半透明、光滑、湿润、圆形、边缘整齐或不齐
XLD琼脂	粉红色至无色，半透明、光滑、湿润、圆形、边缘整齐或不齐
志贺氏菌显色培养基	按照显色培养基的说明判定

3、初步生化实验

第一步，从自选择性琼脂平板式分辨挑选两个以上具有典型特征的可疑菌落。

第二步，通过先在斜面划线再从层穿刺的方法，接种TSI琼脂。

第三步，接种针不消毒处理，依照上述方法再次接种分别半固体和营养琼脂平板。

第四步，在（36±1）℃培养20h，必要时可延长至48h。

第五步，观察实验结果，确定菌类特性。

以下几种情况出现时，则需要进一步进行生化实验和血清学分型。第一，三糖铁琼脂中斜面产检、底层产酸。第二，不产气。第三，不产硫化氢。第四，半固体管中无动力。

4、生化实验及附加生化实验

（1）生化实验志贺氏菌属的培养物是阴性结果，剩余的培养物均是阳性，例如宋内氏志贺氏菌、鲍氏志贺氏菌13型的鸟氨酸、鲍氏志贺氏菌13型的β-半乳糖苷酶、宋内氏菌和痢疾志贺氏菌1型均为阳性。

与某种志贺氏菌的分型血清发生了凝集反应，如果生化反应不符合相关特征，则该菌株仍然不能判定为志贺氏菌属。志贺氏菌属生化特性如表5-11所示。

表5-11 志贺氏菌属的生化特征

生化反应	A群：痢疾志贺氏菌	B群：福氏志贺氏菌	C群：鲍氏志贺氏菌	D群：宋内氏志贺氏菌
半乳糖苷酶	-a	-	-a	+
尿素	-	-	-	-
赖氨酸脱羧酶	-	-	-	-
鸟氨酸脱羧酶	-	-	-b	+
水杨苷	-	-	-	-
七叶苷	-	-	-	-
靛基质	-/+	（+）	-/+	-
甘露醇	-	+c	+	+
棉子糖	-	+	-	+
甘油	（+）	-	（+）	d

附加生化实验。即使上述生化实验特征符合志贺氏菌属的生化反应特性，仍然需要额外增加葡萄糖胺、西蒙氏柠檬酸盐、黏液酸盐实验。因为某些不活泼的大肠埃希氏菌、A-D菌的部分生化特征与志贺氏菌不容易区分，极其相似，而且都能够和某种志贺氏菌的分型血清发生凝集反应。增加的附加生化实验在36℃下培养24h。志贺氏菌属和不活泼大肠埃希氏菌、

A–D菌的生化特性区别，如表5–12所示。

表5–12　志贺氏菌属和不活泼大肠埃希氏菌、A–D菌的生化特性区别

生化反应	A群：痢疾菌志贺氏菌	B群：福氏志贺氏菌	C群：鲍氏志贺氏菌	D群：宋内氏志贺氏菌	大肠埃希氏菌	A–D菌
葡萄糖胺	–	–	–	–	+	+
西蒙氏柠檬酸盐	–	–	–	–	d	d
黏液酸盐	–	–	–	d	+	d

注：+表示阳性；–表示阴性；d表示有不同生化型。

（2）在葡萄糖胺、西蒙氏柠檬酸盐、黏液酸盐实验三项反应中志贺氏菌一般为阴性，而不活泼的大肠埃希氏菌、A–D（碱性—异型）菌至少有一项反应为阳性。

如果为了方便，也可以使用生化鉴定剂或者全自动微生物生化鉴定系统进行鉴定。检验目标为初步生化反应中营养琼脂斜面上生长的菌落，根据实验结果判定。

5、血清学鉴定

（1）抗原的准备。

志贺氏菌的结构中没有鞭毛，所以志贺氏菌属没有动力。志贺氏菌属的抗原主要是菌体O抗原，又分为型特性抗原和群特异性抗原。通常情况下，采用1.2%～1.5%琼脂培养物来培养玻片凝集实验所用的抗原。

另外，志贺氏菌的血清学鉴定需要注意两点。

第一，某些志贺氏菌由于结构中存在k抗原，所以不会发生凝集反应。这种情况下，可以挑取菌落放入1ml生理盐水做成浓菌液，再经过100℃水煮沸15～60min完成去k抗原处理过程，然后再继续接下来的检查。

第二，D群志贺氏菌的外形具有不确定性，有可能是光滑型，也会出现粗糙型外形的情况。因为宋内氏志贺氏菌如果外形是粗糙型，说明没有K抗原，则一定会发生自凝现象。

（2）凝集反应。

第一步，在玻片上划出两个尺寸为1cm×2cm的实验区域。

第二步，挑取一环待测菌株，在两个实验区域各放置172环。

第三步，两个实验区域，一个区域滴入一滴生理盐水，另外一个区域滴入一滴抗血清。

第四步，使用无菌的接种环，将两个反应区域的菌落分别调制成乳状

液体。

第五步，将玻片倾斜，轻轻摇动，使两个区域乳状液混合1min。

第六步，对着黑色背景观察实验结果。

如果抗血清中出现了凝集现象，而生理盐水中没有出现，则实验结果为阳性。如果生理盐水中同样出现了凝集现象，则需要挑选同一培养基的其他菌落，继续进行同样的实验。

第五节　食品中溶血性链球菌检验

食品中溶血性链球菌的检验是食品检验中一个重要的检验对象，因为它是一种常见的致病菌，一方面它可以引起皮肤和皮下组织的化脓性炎症和呼吸道感染疾病，另一方面它可以通过食物的传染引起猩红热、流行性咽炎等疾病。链球菌种类较多，其中的致病菌类大多数属于乙型溶血性链球菌，这类球菌的血清型90%属于A群链球菌。

一、生物学特性

（一）形态与染色

溶血性链球菌因为呈现球形或者椭圆形，长短不一，且其链状排列而得名。溶血性链球菌的直径为0.6～1.0μm，繁殖时向多个平面同时不规则分裂，链的长短和方向受细菌的菌类和生长环境影响，如图5-6所示。一般在培养基中培养的溶血性链球菌链的长度较短，与葡萄球菌相似。有些链球菌由于变种，会生成很长的一条长链。溶血性链球菌无鞭毛和芽孢，通常情况下不形成荚膜，但是多数链球菌可以在血清肉汤中经过2～4h的培养会形成一层透明质酸的荚膜。在染色方面，溶血性链球菌容易被碱性苯胺染料染色，革兰氏染色阳性，在死亡或者被吞噬过后转变为革兰氏阴性，衰老后也会转变为革兰氏阴性。

（二）培养特性

溶血性链球菌的培养要求程度较高，如果仅仅在普通培养基上进行培养的话，往往会出现生长不良的状况，需要补充血清、血液、腹水等培养物质，还要补充谷氨酸、核黄素、维生素B烟酸等营养物质。溶血性链球菌为需氧或者兼性厌氧菌，在20～42℃的环境下都可以生存繁殖，但是最适温度要求是37℃，最适pH值为7.4～7.6。该菌在不同的常用培养基上的培养特性如下。

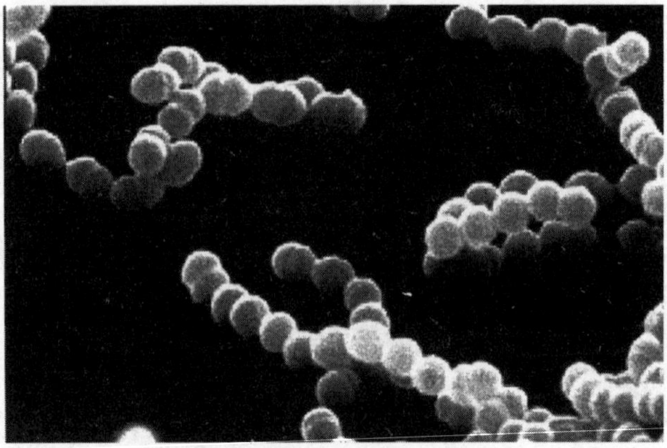

图5-6　A族乙型溶血性链球菌形态图

（1）血清肉汤。该菌一般呈颗粒状生长，大多沉于管底。生长状况与链的长短有关系，溶血。该菌株易成长链，呈典型的絮状或颗粒状，沉淀生长，或粘贴于管壁上；不溶血性菌株的菌链较短，或只呈双球状，液体均匀混浊；半溶血性菌株的链有长有短，在液体培养基中的生长情况介于两者之间。

（2）血平板。37℃培养18～24h，形成灰白色、半透明或不透明、表面光滑、有乳光、边缘整齐、直径0.5～0.75mm的圆形突起状细小菌落。不同菌株的溶血情况不一，有的完全溶血，在菌落周围形成透明溶血环；有的不完全溶血，形成草绿色溶血环；有的不发生溶血，无溶血环可见。当培养基所含血液不同时，溶血情况有改变，有时菌落在含马血的培养基上有小溶血环，但在兔血培养基中不溶血。

（三）生化特性

与金黄色葡萄球菌一样，溶血性链球菌分解葡萄糖等糖类时产生酸但是不产生气体。对糖类的分解能力根据菌株不同而存在差异，不分解菊糖，不会被胆汁所溶解。

通过奥普托辛实验可以与肺炎双球菌进行区别，实验结果为阴性。通过触酶可以同葡萄球菌进行区别，实验结果为阴性。多类A族链球菌可分解肝糖和淀粉，约有97%的A族链球菌会被杆菌肽抑制，其余的链球菌则不会被杆菌肽所抑制。肠球菌（D族）绝大多数能分解甘露醇，也可以分解七叶苷，结果是培养基变黑。

（四）抗原结构

链球菌的抗原构造较复杂，乙型溶血性链球菌的抗原构造主要有3种。

（1）核蛋白抗原。简称P抗原，是菌体浸出物，无特异性，各种链球菌均相同。

（2）多糖抗原。或称C抗原，属于族特异性抗原，是细胞壁的多糖组分，有族特异性，可用稀盐酸等提取。根据族多糖抗原的不同，用血清学方法可将溶血性链球菌分成A～V 20个族。

（3）蛋白质抗原。或称表面抗原，具有型特异性，位于C抗原外层，其中可分为M、T、R、S四种不同性质的抗原成分，与致病性有关的是M抗原。M抗原对热和酸的抵抗力很强，所以可在pH值为2时，煮沸处理细菌，使菌细胞溶解进而提取M抗原，与型特异性免疫血清进行沉淀实验可将链球菌分型。

（五）分类

根据不同的分类标准，可将链球菌分为不同的类别。

1、根据链球茵在血液培养基上生长繁殖后是否溶血及其溶血性质分类

（1）甲型（α－）溶血性链球菌。菌落周围有1～2mm宽的草绿色溶血环（由于细菌产生的过氧化氢等氧化性物质将血红蛋白氧化成高铁血红蛋白，绿色其实是高铁血红蛋白的颜色），放入冰箱一夜呈溶血环，且溶血环扩大，也称甲型溶血，这类链球菌多为条件致病菌，致病力弱，为上呼吸道的正常寄生菌。

（2）乙型（β－）溶血性链球菌。菌落周围形成一个2～4mm宽、界限分明、完全透明的无色溶血环，也称乙型溶血。因而这类菌亦称为溶血性链球菌，该菌的致病力强，为链球菌感染中的主要致病菌，常引起人类和动物的多种疾病。

（3）丙型（γ－）链球菌。不产生溶血素，菌落周围无溶血环，也称为丙型或不溶血性链球菌，为口腔、鼻咽部及肠道的正常菌群，通常为非致病菌，常存在于乳类和粪便中，也引起感染。

2、根据抗原构造进行血清学分类

血清学分类依据为链球菌细胞壁中的多糖抗原，乙型溶血性链球菌可以分为20个族：A、B、C、D、E、F、G、H、K、L、M、N、O、P、Q、R、S、T、U、V 。每一个族，又可以根据表面抗原的不同分为若干不同的型。例如，A族由于M抗原不同可分为60多个型，B族分为4个血清型，C族分为13个型。

3、根据菌体对氧的需要分类

按照是否需要氧，可分为需氧链球菌、厌氧链球菌、微嗜氧链球菌。其中厌氧链球菌常寄生于口腔、肠道和阴道中，可致病的包括消化链球菌属。

（六）抵抗力

该菌抵抗力一般不强，60℃、30min即被杀死，但其中D族链球菌（如

粪链球菌）抵抗力特别强，在该条件下无法杀灭；此菌产生的红疹毒素耐热力很强，煮沸1h才破坏。对常用消毒剂敏感，在干燥尘埃中可生存数月。其中，乙型链球菌对青霉素、红霉素、氯霉素、四环素、磺胺均很敏感。青霉素是治疗链球菌感染的首选药物，很少有耐药性。

二、溶血性链球菌食物中毒

（一）致病因子

致病性链球菌可产生多种毒素和酶，一方面它可以引起皮肤和皮下组织的化脓性炎症和呼吸道感染疾病，另一方面它可以通过食物的传染引起猩红热、流行性咽炎等疾病。溶血性链球菌的致病性主要是与其本身产生的毒素和侵袭性酶的活性有关。[①]其致病因子主要有下列几种。

1、链球菌溶血素

链球菌溶血素分为两种，即O和S。O是-SH的一种蛋白质，具有抗原性。S为小分子多肽，不具备抗原性，而且相对分子质量比较小。

溶血素有O和S两种，O为含有-SH的蛋白质，具有抗原性；S为小分子多肽，分子量较小，故无抗原性。

2、致热外毒素

致热外毒素是引起人类猩红热的主要毒素物质，所以也称之为红疹毒素或者猩红热毒素。该毒素可以引起局部或者全身出现红疹、发热、疼痛、恶心、呕吐等临床不适症状。致热外毒素主要是由A族链球菌产生，C族和G族的部分菌株也可能产生。

3、透明质酸酶

透明质酸酶是溶血性链球菌致病菌在细胞间传染的罪魁祸首，它可以分解细胞间的透明质酸，增加了细胞间的通透能力和病菌的侵袭能力，使致病菌可以在组织细胞中肆意扩散，所以又称为扩散因子。

4、链激酶

链激酶最主要的致病机理是使血液中的纤维蛋白酶原溶解为纤维蛋白酶，增加了致病菌在组织中的扩散能力，所以又称为链球菌纤维蛋白溶酶。链激酶还有一个特点就是耐热，在100℃、50min后依然保持活性，人体通过链激酶抗体来抑制其活性。链激酶抗体一般出现在人体感染链球菌酶感染后，出现概率约为70%～80%。

---

① 方檬舟，李海昌等. 风邪与溶血性链球菌治病的关系[J]. 中华中医学刊，2016，（11）：10-11.

5、链道酶

又称链球菌DNA酶，特点是使低保脓液变稀薄，从而增加了致病菌的扩散能力。

6、杀白细胞素

顾名思义，杀白细胞素主要针对的目标是白细胞，能够使白细胞丧失动力，组件变成球形直至最后膨胀破裂。杀白细胞素可以通过链球菌在肉汤培养基中培养得到。

7、其他酶类

溶血性链球菌还可产生蛋白酶、核糖核酸酶、二磷酸吡啶核苷酸酶和致病毒素等酶类，作用和致病机理各不相同。

（二）流行病学

溶血性链球菌虽然培养较难，但是传播却很容易。溶血性链球菌分布范围十分广泛，无论是自然界中的水、空气、尘埃还是人和动物等，都存在溶血性链球菌。尤其是人类和动物的口腔、呼吸道和病灶中的溶血性链球杆菌都可以通过呼吸、接触、食物交叉等方式感染，尤其是通过直接接触或者如飞沫传播、黏膜伤口感染传播等方式散播最为广泛。其污染源常常是患者、动物以及食物污染等。对于食品污染，溶血性链球菌通常有以下几种方式。

（1）食品在加工、销售环节中，操作人员为溶血性链球杆菌携带者，通过口腔、呼吸道、手和皮肤等接触食品造成污染。

（2）食品在作为原材料阶段还未加工就已经携带溶血性链球菌，例如奶牛患化脓性乳腺炎或畜禽局部化脓时，其奶和肉制品在原材料阶段就已经被污染。

（3）熟食制品因包装不善而受到污染。

（三）临床表现

本菌通过直接接触、飞沫吸入或通过皮肤、黏膜伤口侵入机体而致病。乙型溶血性链球菌主要引起以下疾病。

（1）皮肤和皮下组织感染。这种情况下，局部会出现化脓性炎症、淋巴管炎、淋巴结炎、蜂窝组织炎等。链球菌由于具有很强的侵蚀能力，所以会沿着淋巴和血液进行扩散而引起败血症，比葡萄球菌更易扩散蔓延。

（2）其他系统的感染。临床表现为扁桃体炎、咽炎、咽颊炎、鼻窦炎、中耳炎、乳突炎、肾盂肾炎、肾小球炎及产褥热等。

（3）猩红热。这是由能产生红疹毒素的溶血性链球菌引起的小儿急性传染病，多数情况是通过飞沫传播，然后经过咽喉黏膜侵入人体，产生红疹毒素，引起全身红疹和全身中毒的症状。

三、检验

目前，溶血性链球菌国标检测方法大致分为两大类：①常规微生物学检验法；②其他快速检测方法，包括PCR、荧光定量PCR和环介导等温扩增（LAMP）等。下面以国标食品微生物学检验方法为例，介绍实验室常规检验溶血性链球菌的方法和步骤。

（一）检验原理

（1）增菌。一般样品用葡萄糖肉浸液肉汤增菌，污染严重的样品用匹克肉汤增菌。

（2）血平板分离。溶血性链球菌在血平板上呈乙型溶血、圆形突起的细小菌落。

（3）乙型溶血性链球菌周围有无色透明的溶血环，革兰氏阳性，能产生链激酶（即溶纤维蛋白酶），该酶能激活正常人血液中的血浆蛋白酶原，使之成为血浆蛋白酶，而后溶解纤维蛋白，使凝固的血浆溶解。链激酶是鉴别致病性链球菌的重要特征。97%的A群链球菌可被杆菌肽抑制，其他链球菌则不被抑制，故此实验可初步鉴定A群链球菌。

胰蛋白胨大豆肉汤TSB增菌液、哥伦比亚CNA血琼脂平板的增菌分离效果很好，其中哥伦比亚CNA血琼脂平板具备有效抑制沙门菌和大肠埃希氏菌的能力。这样的结果就是面板上只会出现目标菌和金黄色葡萄球菌，检出率得到了很大程度的提高。另外，如果培养环境为厌氧环境，即10%CO_2和90%N_2，哥伦比亚CNA选择性琼脂平板培养的菌落由于菌落形态典型、溶血现象更加明显的特点，更适合被用于溶血性链球菌的分离培养，而且哥伦比亚CNA选择性琼脂平板还可以抑制需氧菌的生长繁殖以及干扰，有效地提高了溶血性链球菌分离提取工作的效率。

参考检验标准为食品微生物学检验β型溶血性链球菌检验（GB4789.11-2014）。适用范围：各类食品中β型溶血性链球菌的检验。

（二）设备和材料

除微生物实验室常规灭菌及培养设备外，其他设备和材料如下。恒温培养箱：（36±1）℃。冰箱：2~5℃。厌氧培养装置。天平：感量0.1g。均质器与配套均质袋。显微镜：10倍~100倍。无菌吸管：1ml（具0.01ml刻度）、10ml（具0.1ml刻度）或微量移液器及吸头。无菌锥形瓶：容量100ml、200ml、2000ml。无菌培养皿：直径90mm。pH计或pH比色管或精密pH试纸。水浴装置：（36±1）℃。微生物生化鉴定系统。

（三）培养基和试剂

（1）培养基。改良胰蛋白胨大豆肉汤，哥伦比亚CNA血琼脂，哥伦比亚血琼脂，胰蛋白胨大豆肉汤。

（2）试剂。革兰氏染色液，草酸钾血浆，0.25%氯化钙（$CaCl_2$）溶液，3%过氧化氢（H_2O_2）溶液，生化鉴定试剂盒或生化鉴定卡。

（四）检验程序

溶血性链球菌的标准检验程序如图5-7所示。

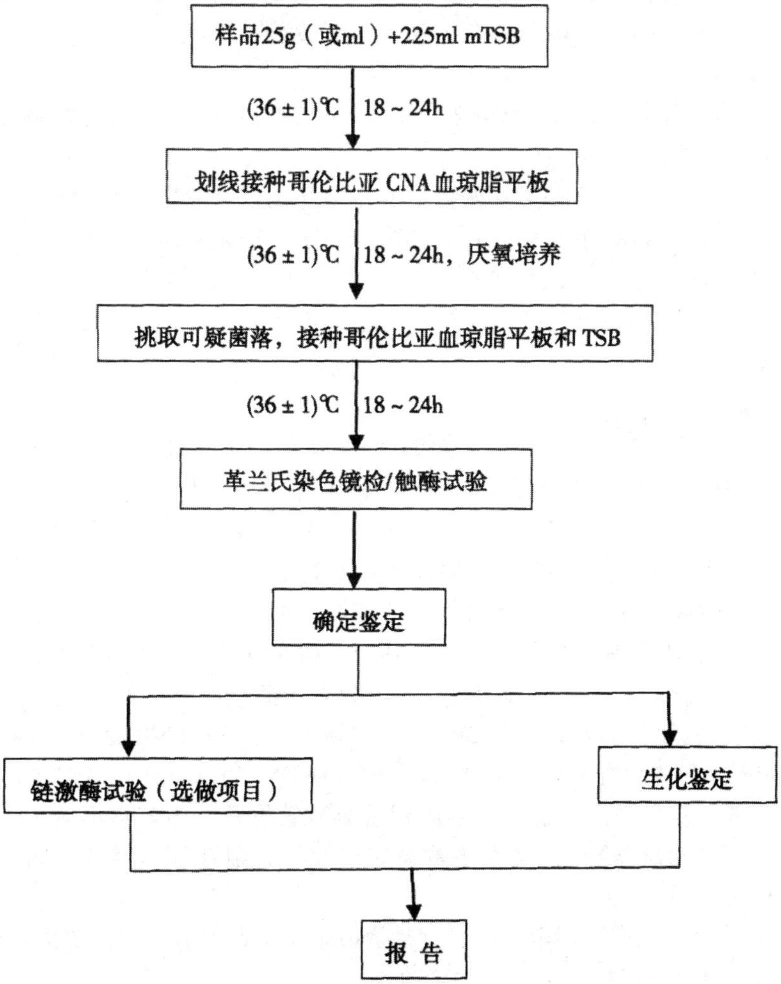

图5-7 溶血性链球菌的标准检验程序

（五）操作步骤

1、培养

第一步，取用25g或者25ml样品放入无菌质杯中，再加入225mlTSB溶液。

第二步，以8000～10000r/min转速摇匀混合液1～2min，或者将混合液放在无菌均质袋中，适用拍击式均质器拍打1～2min，如果样品经过均质处理后呈现液态则停止均质，振荡均匀即可，如果仍然呈现液固混合状则继续均质处理。

第三步，无菌条件下，将上述处理完毕后的样品转移至500ml锥形瓶或者其他适容容器内进行培养，在（36±1）℃培养18～24h。

2、分离

第一步，用接种环取上述增菌液一环，通过划线接种方法接种于哥伦比亚CNA血琼脂平板。

第二步，哥伦比亚CNA血琼脂平板在（36±1）℃培养18～24h。

第三步，观察平板上生长的菌落特征，进行结果判定。

溶血性链球菌在哥伦比亚CNA血琼脂平板上的典型菌落形态通常直径为2～3mm，灰白色、半透明、光滑、表面突起、圆形、边缘整齐，并产生β型溶血。

3、鉴定

（1）分离纯化。挑取5个（如小于5个则全选）可疑菌落分别接种哥伦比亚血琼脂平板和TSB增菌液，（36±1）℃培养18～24h。

（2）革兰氏染色镜检。挑取可疑菌落染色镜检β型溶血性链球菌为革兰氏染色阳性，球形或卵圆形，常排列成短链状。

（3）触酶实验。挑取可疑菌落于洁净的载玻片上，滴加适量3%过氧化氢溶液，立即产生气泡者为阳性。β卢型溶血性链球菌触酶为阴性。

（4）链激酶实验（选做项目）。吸取草酸钾血浆0. 2ml于0.8ml灭菌生理盐水中混匀，再加入经（36±1）℃培养18～24h的可疑菌的TSB培养液0.5ml及0.25%氯化钙溶液0.25ml，振荡摇匀，置于（36±1）℃水浴中10min，血浆混合物自行凝固（凝固程度至试管倒置，内容物不流动）。继续（36±1）℃培养24h，凝固块重新完全溶解为阳性，不溶解为阴性，β型溶血性链球菌为阳性。

（5）其他检验。使用生化鉴定试剂盒或生化鉴定卡对可疑菌落进行鉴定。

（六）结果与报告

综合以上实验结果，报告每25g（ml）检样中检出或未检出溶血性链球菌。

第六节　食品中蜡样芽孢杆菌检验

蜡样芽孢杆菌在自然界的分布很广，空气、土壤、尘埃、水和腐烂草中均有存在，植物和许多生熟食品中亦常见，正常情况下此菌就有可能存在。如果它在食品中未能得到增殖，其存在便无意义。当摄入的食品每克中蜡样芽孢杆菌活菌数在百万以上时，便可导致食物中毒爆发，这已被一些欧洲国家作为食品规定的一个标准，已发现蜡样芽孢杆菌食物中毒涉及的食品包括甜点、熟肉、盘装蔬菜及米饭和油炒饭。有调查显示，在各类食物中，发现蜡样芽孢杆菌所占比例为：肉制品中26%，乳制品中77%，蔬菜、水果和干果中51%。

食品中蜡样芽孢杆菌的来源主要为外界污染，由于食品在加工、运输、保藏及销售过程中的不卫生情况，而使该菌在食品上大量污染传播，因此，检测食品中蜡样芽孢杆菌有重要的卫生学意义。

一、生物学特性

（一）形态与染色

本菌为革兰氏阳性大肠杆菌，宽度在1μm或1μm以上，大小为（1.0～1.3）μm×（3～5）μm，能形成芽孢，属于需氧芽孢杆菌属。菌体两端钝圆，无荚膜，有周体鞭毛，即有活动力，能运动，多成短链状排列。芽孢呈卵圆形，不突出菌体，多位于菌体中央或稍偏于一端。本菌生长6h以后即可以形成芽孢，形成的芽孢小于菌体横径，位于中心或稍偏于一端。引起食物中毒的菌株多为周毛菌，有动力（见图5-8）。

本菌对营养要求不高，在普通培养基上可生长良好，生长温度范围为25～37℃，最适温度为30～32℃，在各类培养基上的形态特征如下。

（1）普通营养琼脂平板。菌落圆形或近似圆形，质地软，乳白色，不透明，边缘不整齐，直径为4～10mm，菌落边缘常呈扩散状，近光观察似白蜡状，呈毛玻璃或融蜡状，因而得名。

（2）甘露醇卵黄多黏菌素琼脂平板。形成灰白色或微带红色、扁平、表面粗糙的菌落；菌落为红色（表示不发酵甘露醇），环绕粉红色的晕（表示产生卵磷脂酶）。

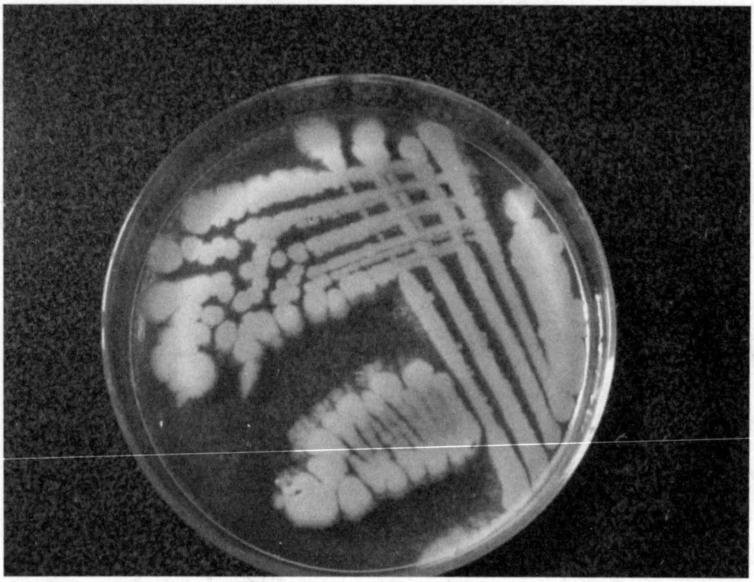

图5-8 蜡样芽孢杆菌

（3）血琼脂平板。菌落周围初呈草绿色β-溶血，时间稍长即完全透明，菌落为浅灰色，不透明，似白色毛玻璃状。

（4）普通肉汤培养基。生长迅速，肉汤浑浊，常形成菌膜或壁环，振摇易乳化。

（二）生化反应

蜡样芽孢杆菌生化特性如表5-13所示。

表5-13 蜡样芽孢杆菌生化特性

项目	性状	项目	性状
触酶	+	山梨糖	–
卵磷脂酶	+	麦芽糖	+/–
酪蛋白酶	+	甘露糖	–/+
青霉素酶	+	山梨醇	–
硝酸盐还原	+/–	甘露醇	–
淀粉酶	±	卫矛醇	–

续表5-3

项目	性状	项目	性状
胆胶酶	+/–	肌醇	–/+
尿素酶	/+	水杨苷	+/–
牛奶胨化	+	蔗糖	+/–
柠檬酸盐利用	+/–	乳糖	–/+
V–P反应	+/–	纤维二糖	–/+
葡萄糖	+	甘油	+/–
果糖	+	七叶苷	–/+
蕈糖	+	过氧化氢酶	+
木糖	–	动力	+/–
阿拉伯糖	–	卵黄反应	–
半乳糖	–	溶血	+

注：+阳性；–阴性；±不定；+/–多数为阳性少数为阴性；–/+多数为阴性少数为阳性。

（三）抵抗力

该菌的芽孢对热的抵抗力较强，具备不耐热的特性。当加热到100℃时20min可以全部杀死。蜡样芽孢杆菌经过37℃、16h的肉汤培养物质需要10～15 min就可以在80℃温度下减少达到了90%。肉汤培养液中的全部细菌约为2.4×10^7个/ml，其检测结果转为阴性时只需100℃、20min。

蜡样芽孢杆菌产生的肠毒素，分为呕吐性肠炎和致腹泻性肠炎两种不同的肠毒素。呕吐性肠炎的致病肠毒素具有耐热性，干热120℃经过60分钟才会被杀死。蜡样芽孢杆菌在pH值为6～11范围内的生长环境基本不存在影响，只有pH值低于5的强酸环境才会出现明显的抑制作用。本菌对氯霉素、红霉素、链霉素、卡那霉素、庆大霉素等抗生素敏感；对青霉素、磺胺噻唑和呋喃西林耐受。

二、蜡样芽孢杆菌食物中毒

由需氧性芽孢杆菌引起的食物中毒，早在1906年就有报告。但直至1950年，才明确吃甜食后可引起蜡样芽孢杆菌所致的食物中毒性腹泻。

（一）致病因子

该菌能产生肠毒素、溶血素、青霉素酶、磷脂酶c和蛋白质分解酶等。根据很多细菌工作者的实验结果，食品蜡样芽孢杆菌数量大于106 CFU7g（ml）时常可导致食物中毒，其原因是该菌产生肠毒素。肠毒素分为两大类：①耐热性肠毒素，100℃30min不能被破坏，常在米饭中形成；②不耐热肠毒素，能在各种食物中形成。

（二）流行病学

蜡样芽孢杆菌是导致食物中毒的主要菌类之一。在东西方的致病源有差异，因为东西方的食物结构不同。在以我国为代表的东方国家，引起食物中毒的食品以米饭或者淀粉类食品为主；而在欧洲和美国主要是由甜品、肉饼、色拉和奶制品引起。蜡样芽孢杆菌引起的食品中毒除了米饭略有发黏以及微弱异味外，一般不伴随腐败变质的明显感官现象。

蜡样芽孢杆菌引起的食物中毒有明显的季节性特征，以夏季最为频繁和有代表性。因为在夏季的食品经常会在使用前保存在较高的温度下放置较长的时间，这些因素都是食物中污染的蜡样芽孢杆菌生长繁殖的极佳条件，在这期间蜡样芽孢杆菌大量生长繁殖，从而导致食用者中毒，中毒的概率高达60%～100%。中毒的对象与性别和年龄无关，可以是集体大面积，也可能是家庭零散发生的。

蜡样芽孢杆菌的污染源主要是泥土和灰尘，传播途径是昆虫、被污染的工具以及操作人员的接触行为。食品原料只要存在蜡样芽孢杆菌，就有引起食物中毒的潜在危险（如图5-9所示）。

（三）临床症状

本菌引起的食物中毒在临床上可分为呕吐型和腹泻型两类。

（1）呕吐型。潜伏期为0.5～5 h，多数为1h左右。中毒症状起初为恶心、继而为剧烈且频繁的呕吐，可达数十次，很像金黄色葡萄球菌的食物中毒，同时伴有头昏、四肢无力、口干、寒战、结膜充血等症状，少数有腹痛和腹泻，病程6～24h。

（2）腹泻型。潜伏期为8～16h，临床主要表现为腹痛、腹泻并伴有恶心和胃痉挛，偶有呕吐或发热。类似产气荚膜梭菌的食物中毒。通常在12～24h内恢复正常。

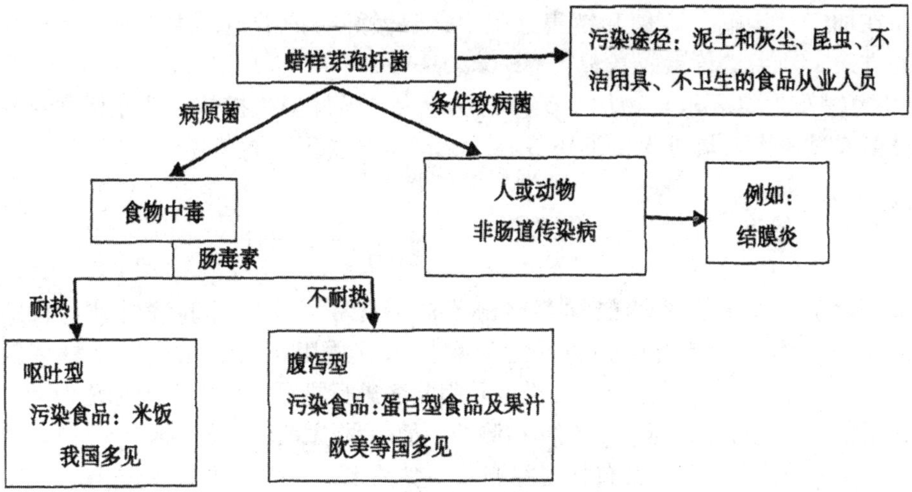

图5-9　蜡样芽孢杆菌的流行病学示意图

蜡样芽孢杆菌食物中毒的病程较短，腹泻型为16～36h，呕吐型为8～10h，两型通常不超过24h，愈后均良好，无死亡；但如果与金黄色葡萄球菌、副溶血性弧菌混合感染时可发生死亡。

（四）预防与控制

要防止由该种细菌引发的疾病的发生，关键是防止蜡样芽孢杆菌污染各类食品。吃剩饭应彻底加热，夏秋季节的熟食不能放置过久。该菌在15℃以下不繁殖，食品需注意冷藏。搞好环境卫生，保持整洁，消灭昆虫，以及在产、运、贮、销过程中做好防尘、防虫工作。在治疗方面使用氯霉素等对症疗法为宜。

对蜡样芽孢杆菌引起的食物中毒，应从以下几个方面进行预防工作。

（1）根据蜡样芽孢杆菌的特性，食品的温度如果保持在63℃以上或者15℃以下，都可以避免蜡样芽孢杆菌的生长和繁殖，也就不会导致食物中毒。所以食物在存储时要低温冷藏，加热食用时迅速加热到63℃以上。烹饪时维持高温，杀灭细菌。

（2）已经加工熟的食品不宜放置时间过长，要立即食用，尤其是不能在25～45℃下保存，因为在此温度下，蜡样芽孢杆菌的生长繁殖速度非常迅速。因为蜡样芽孢杆菌的繁殖量达到中毒数量需要一定的时间，所以缩短熟食的放置时间是杜绝食物中毒的关键所在。在夏季，每天的食用米饭吃多少做多少，不要食用隔夜的炒饭以免导致蜡样芽孢杆菌引起的食物中毒。

（3）注重环境卫生，从传播途径上杜绝蜡样芽孢杆菌的传播，尤其是加工区域的泥土和灰尘一定要清扫干净，消灭可能接触到食物的昆虫。食品在加工、运输、存储和销售过程中，要做好防护措施，防止灰尘及昆虫的进入。

（4）严格要求食物加工操作的从业人员做好卫生措施，防止蜡样芽孢杆菌通过操作人员进入传染环节。

三、检验

除了下文要介绍的蜡样芽孢杆菌常规食品微生物检验法之外，目前常用的检测方法还有两种：最近似数技术。适用于含有蜡样芽孢杆菌数≤1000个/g的食品，美国AOAC经常采用此法进行检测。以下以国标法为例，介绍蜡样芽孢杆菌的常规实验室检测法。简单来说，国标法包括5个步骤。

（1）菌数测定，涂布甘露醇卵黄多黏菌素（MYP）平板计数。

（2）分离培养，从MYP上挑取可疑菌落进行纯培养。

（3）证实实验，包括形态观察、培养特性、生化性状和生化分型实验。

（4）与类似菌的鉴别，主要是与苏云金芽孢杆菌的鉴别。

（5）结果报告，报告每g（ml）检样中所含的蜡样芽孢杆菌数。

（一）检验原理

（1）选择性平板分离培养基分离蜡样芽孢杆菌，多黏菌素可抑制革兰氏阴性菌，蜡样芽孢杆菌不分解甘露醇，不产酸，利用含氮物质，产生碱性产物，使培养基中的酚红变为红色；又因其产生卵磷脂酶，所以蜡样芽孢杆菌在此培养基上形成的菌落为红色（表示不发酵甘露醇），环绕有粉红色的晕（表示产生卵磷脂酶）。

（2）证实实验。在上述平板上挑取可疑菌落，进行形态观察、培养特性以及生化鉴定，确认是否为蜡样芽孢杆菌。

（3）常用蜡样芽孢杆菌的选择分离培养基为甘露醇卵黄多黏菌素琼脂培养基（MYP），MYP中的蛋白胨和牛肉膏粉提供氮源、维生素和生长因子；D-甘露醇为可发酵糖类；氯化钠维持均衡的渗透压；琼脂是培养基的凝固剂；酚红为pH值指示剂；卵黄含有卵磷脂，蜡样芽孢杆菌产生卵磷脂酶，在菌落周围产生沉淀环；并且不发酵D-甘露醇产酸，使菌落呈红色；多黏菌素B可抑制杂菌生长。

（4）蜡样芽孢杆菌生化特性。

①不发酵甘露醇。在甘露醇—卵黄—多黏菌素琼脂平板上生成微粉红色菌落。

②产生卵磷脂酶。分解MYP琼脂中的卵磷脂，在菌落周围产生粉红色混浊环（沉淀环）。

③产生酪蛋白酶。分解培养基中的酪蛋白，生成L-酪氨酸，在菌落周围形成透明圈。

④产生溶血素。使胰酪胨大豆羊血琼脂（TSSB）中的血细胞发生B溶血。

⑤产生明胶酶。将明胶水解为多肽，再水解为氨基酸，而使其由半固体转化为液态状。

⑥触酶实验。产生过氧化氢酶，分解过氧化氢，生成水和氧气。

⑦动力和硝酸盐实验。蜡样芽孢杆菌运动活泼，能还原硝酸盐为亚硝酸盐。

（二）检验方法

1、蜡样芽孢杆菌平板计数法(第一法)

（1）参考检验标准。食品微生物学检验蜡样芽孢杆菌检验（GB 4789.14–2014）。

（2）适用范围。适用于各类食品中的蜡样芽孢杆菌，其中，第一法适用于蜡样芽孢杆菌含量较高的食品中蜡样芽孢杆菌的计数；第二法适用于蜡样芽孢杆菌含量较低的食物样品中蜡样芽孢杆菌的计数。

（3）设备和材料。除微生物实验室常规灭菌及培养设备外，其他设备和材料如下。冰箱：2～5℃。恒温培养箱：（30±1）℃、（36±1）℃。均质器。电子天平：感量0.1g。无菌锥形瓶：100ml、500ml。无菌吸管：1ml（具0.01ml刻度）、10ml（具0.1ml刻度）或微量移液器及吸头。无菌平皿：直径90mm。无菌试管：18mm×180mm。显微镜：10倍～100倍（油镜）。L涂布棒。

（4）培养基和试剂。培养基：甘露醇卵黄多黏菌素琼脂培养基、胰酪胨大豆多黏菌素肉汤、营养琼脂、动力培养基、硝酸盐肉汤、酪蛋白琼脂、硫酸锰营养琼脂培养基、糖发酵管、V–P培养基、胰酪胨大豆羊血琼脂、溶菌酶营养肉汤、西蒙氏柠檬酸盐培养基、明胶培养基。

试剂：磷酸盐缓冲液（PBS）；过氧化氢溶液；0.5%碱性复红。

（5）检验程序。

蜡样芽孢杆菌平板计数法标准检验程序如图5–10所示。

（6）操作步骤。

①制备实验样品。

第一步，取用25g或者25ml样品放入无菌质杯中，再加入225mlPBS溶液。

第二步，以8000～10000r/min转速摇匀混合液1～2min，或者将混合液放在无菌均质袋中，使用拍击式均质器拍打1～2min，经过均质处理后呈现液态则停止均质，振荡均匀即可，如果仍然呈现液固混合状则继续均质处理。

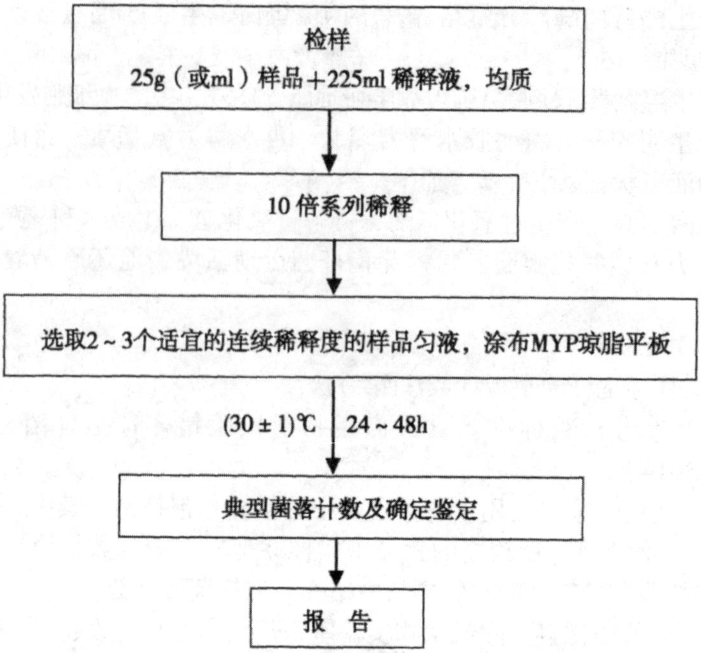

图5-10 蜡样芽孢杆菌的平板计数法标准检验程序

第三步，在无菌环境下，吸取1ml混合均匀的上述混合液，将其注入到9ml灭菌生理盐水的试管中，制成1：10的混合稀释液。

第四步，吸取1：10的混合稀释液1ml再次注入到9ml的灭菌生理盐水试管中，混合均匀制成1：100的混合稀释液。以此类推，制成1：1000、1：10000的均匀稀释液。在吸取过程中，每吸取一次则必须更换一次1ml灭菌吸管。

第五步，选择2～3个适宜稀释度的样品匀液，选择原则是根据对样品污染实际情况的估计，选用稀释度样品混合液。每个稀释度吸取1ml样品混合液。

第六步，1ml分为0.3ml、0.3ml、0.4ml三份进行接种。用接种环取上述增菌液一环，通过划线接种方法接种于三个MYP平板。

第七步，使用无菌L棒将接种液涂满整个接种板，避免涂抹接种板边缘。

②分离、培养。

第一步，分离。涂布结束后，将平板静置10min，然后倒置放于培养箱中，（30±1）℃培养（24±2）h。如果样品混合液不易吸收，可以先将平板放在培养箱（30±1）℃先行培养1h。实验结果显示菌落特征不明显时，可以继续培养（24±2）h再次观察。在MYP琼脂平板上，典型菌落为微粉红色（表示不发酵甘露醇），周围有白色至淡粉红色沉淀环（表示产卵磷脂酶）。

第二步，培养。从每个平板中挑取至少五个典型菌落（如果菌落总数少于五个则全选），分别划线接种于营养琼脂平板做纯培养，（30±1）℃培养（24±2）h，进行确证实验。在营养琼脂平板上，典型菌落为灰白色，偶尔会伴随有黄绿色，但是不透明，表面粗糙和毛玻璃状或融蜡状外形相似，边缘一般呈现直径为4~10mm的扩散形状。

③确定鉴定。

一是通过染色镜进行鉴定。挑取上述培养步骤中具有典型特征的单个菌落，进行革兰氏染色镜检。检查是否具备以下特征：第一，大小为（1~1.3）μm×（3~5）μm；第二，多数会呈现短链或长链状排列，不膨大于菌体，菌体两端较平整，芽孢呈椭圆形位于菌体中央或偏端。

二是生化鉴定。

A.动力实验。用接种针挑取培养物穿刺接种于动力培养基中，30℃培养24h。有动力的蜡样芽孢杆菌应沿穿刺线呈扩散生长，而蕈状芽孢杆菌常呈"绒毛状"生长。也可用悬滴法检查。①

B.根状生长实验。首先挑选可以的菌落，挑选数目为单个挑取单个，然后按间隔2~3cm左右的空间距离划平行直线，接种于经室温干燥 1~2d的营养琼脂平板上，（30±1）℃培养24~48h，不能超过72h。用蜡样芽孢杆菌和蕈状芽孢杆菌标准株作为对照进行同步实验。蕈状芽孢杆菌呈根状生长的特征。蜡样芽孢杆菌菌株呈粗糙山谷状生长的特征。

C.溶菌酶耐性实验。用接种环取纯菌悬液一环，接种于溶菌酶肉汤中，（36±1）℃培养24h。蜡样芽孢杆菌在本培养基（含0.001%溶菌酶）中能生长。如出现阴性反应，应继续培养24h。巨大芽孢杆菌不生长。

D.蛋白质毒素结晶实验。挑取纯培养的单个可疑菌落接种于硫酸锰营养琼脂平板上，（30±1）℃培养（24±2）h，并于室温放置3~4d，挑取培养物少许于载玻片上，再经过蒸馏水的滴加和混匀后制作成薄膜形状。自然风干后，使用微火加热并固定，加入甲醇作用30s后倒去。再通过火焰干燥，于载玻片上滴满0.5%碱性复红，放火焰上加热（微见蒸汽，勿使染液沸腾）持续1~2min，移去火焰，更换染色液再次加温染色30s，倾去染液，用洁净自来水彻底清洗、晾干后镜检。观察有无游离芽孢（浅红色）和染成深红色的菱形蛋白结晶体。如发现游离芽孢形成得不丰富，应再将

① 刘用成．食品微生物检验[M]．北京：中国轻工业出版社，2012，第146页．

培养物置室温2～3 d后进行检查。除乐苏云金芽孢杆菌外，其他芽孢杆菌不产生蛋白结晶体。

三是生化分型（选做项目）。根据对柠檬酸盐利用、硝酸盐还原、淀粉水解、V-P实验反应、明胶液化实验，将蜡样芽孢杆菌分成不同生化型别，见表5-14。

表5-14　蜡样芽孢杆菌生化分型实验

型别	生化实验				
	柠檬酸盐	硝酸盐	淀粉	V-P	明胶
1	+	+	+	+	+
2	-	+	+	+	+
3	+	+	-	+	+
4	-	-	+	+	+
5	-	-	+	+	+
6	+	-	-	+	+
7	+	-	+	+	+
8	-	+	-	+	+
9	-	+	-	-	+
10	-	+	+	-	+
11	+	+	+	-	+
12	+	+	-	-	+
13	-	-	+	-	-
14	+	-	-	-	+
15	+	-	+	-	+

注：+表示90%～100%的菌株阳性；-表示90%～100%的菌株阴性。

（7）结果计算

①典型菌落计数和确认。

计数和确认原则有两条。第一，所选菌落必须为实验结果中具有典型蜡样芽孢杆菌菌落特征。第二，选用的稀释度必须相同，而且必须是三个平板所有菌落合计，都必须是20～200CFU的平板。

a.如果所有的培养平板中只有一个稀释度平板的菌落数在20～200CFU范围内，并且具有典型菌落，则以该稀释度平板上的典型菌落为计数标准；

b.如果最低稀释度平板的菌落数小于20CFU，并且具有典型菌落，则以该稀释度平板上的典型菌落为计数标准；

c.如果某一稀释度平板的菌落数大于200CFU，并且具有典型菌落特征，而且下一稀释度平板上没有典型菌落，则以该稀释度平板上的典型菌落为计数标准；

d.如果某一稀释度平板的菌落数大于200CFU，并且具有典型菌落特征，而且下一稀释度平板上也具有典型菌落，但其平板上的菌落数不在20～200CFU；

e.所有稀释度的平板菌落数均不在20～200CFU且有典型菌落，其中一部分小于20CFU或大于200CFU时，应计数最接近20CFU或200CFU的稀释度平板上的典型菌落；

f.两个连续稀释度的平板菌落数均在20～200CFU范围内，并且都具有典型菌落的特征表现。

g.从每个平板中逐步挑取5个典型菌落（小于5个全选），划线接种于营养琼脂平板做纯培养，（30±1）℃培养（24+2）h。

如果出现a、b、c、d、e、f 现象，按照公式（5-3）进行计算并报告。如果出现的现象是g则按公式（5-4）计算并报告。

②计算公式。

$$T=\frac{AB}{Cd} \qquad (5-3)$$

$$T=\frac{\frac{A_1B_1}{C_1}+\frac{A_2B_2}{C_2}}{1.1d} \qquad (5-4)$$

（8）结果与报告。

根据MYP平板上蜡样芽孢杆菌的典型菌落数，按公式（5-3）、公式（5-4）计算的结果，然后报告每g（ml）样品中蜡样芽孢杆菌菌数，以CFU/g（ml）表示。

2.蜡样芽孢杆菌MPN计数法（第二法）

（1）检验程序。蜡样芽孢杆菌MPN计数法检验程序见图5-11。

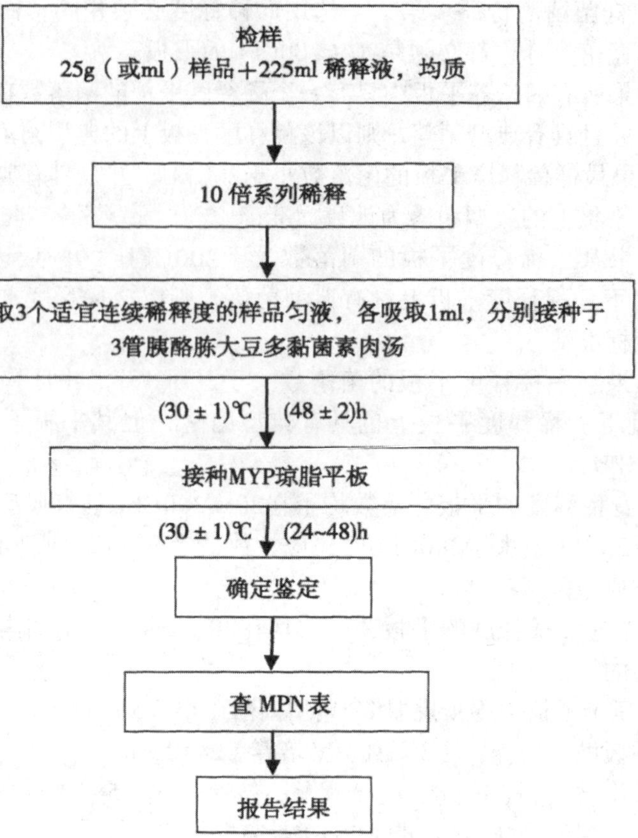

图5-11　蜡样芽孢杆菌MPN计数法检验程序

（2）操作步骤。

①样品处理、样品制备、样品的稀释均同第一法。

②样品接种。取3个适宜连续稀释度的样品匀液（液体样品可包括原液），接种于10ml胰酪胨大豆多黏菌素肉汤中，每一稀释度接种3管，每管接种1ml（如果接种量需要超过1ml，则用双料胰酪胨大豆多黏菌素肉汤），于（30±1）℃培养（48±2）h。

③培养。用接种环从各管中分别移取1环，划线接种到MYP琼脂平板上，（30±1）℃培养（24±2）h。如果菌落不典型，可继续培养（24±2）h再观察。

④确定鉴定。从每个平板选取5个典型菌落（小于5个全选），划线接种于营养琼脂平板做纯培养，（30±1）℃培养（24±2）h，进行确证实验。

⑤结果与报告。根据证实为蜡样芽孢杆菌阳性的试管管数，查 MPN 检索图，报告每 g（ml）样品中蜡样芽孢杆菌的最可能数，以 MPN/g（ml）表示。每 g（ml）检样中蜡样芽孢杆菌最可能数（MPN）的检索见表 5-15。

表5-15　蜡样芽孢杆菌最可能数（MPN）检索表

阳性管数			MPN	95%置信区间		阳性管数			MPN	95%置信区间	
0.10	0.01	0.001		下限	上限	0.10	0.01	0.001		下限	上限
0	0	0	< 3.0	–	9.5	2	2	0	21	4.5	42
0	0	1	3.0	0.15	9.6	2	2	1	28	8.7	94
0	1	0	3.0	0.15	11	2	2	2	35	8.7	94
0	1	1	6.1	1.2	18	2	3	0	29	8.7	94
0	2	0	6.2	1.2	18	2	3	1	36	8.7	94
0	3	0	9.4	3.6	38	3	0	0	23	4.6	94
1	0	0	3.6	0.17	18	3	0	1	38	8.7	110
1	0	1	7.2	1.3	18	3	0	2	64	17	180
1	0	2	11	3.6	38	3	1	0	43	9	180
1	1	0	7.4	1.3	20	3	1	1	75	17	200
1	1	1	11	3.6	38	3	1	2	120	37	420
1	2	0	11	3.6	42	3	1	3	160	40	420
1	2	1	15	4.5	42	3	2	0	93	18	420
1	3	0	16	4.5	42	3	2	1	150	37	420
2	0	0	9.2	1.4	38	3	2	2	210	40	430
2	0	1	14	3.6	42	3	2	3	290	90	1000
2	0	2	20	4.5	42	3	3	0	240	42	1000
2	1	0	15	3.7	42	3	3	1	460	90	2000
2	1	1	20	4.5	42	3	3	2	1100	180	4100

续表5-15

阳性管数			MPN	95%置信区间		阳性管数			MPN	95%置信区间	
0.10	0.01	0.001		下限	上限	0.10	0.01	0.001		下限	上限
2	1	2	27	8.7	94	3	3	3	>1100	420	–

注：①本表采用3个稀释度[0.1g（ml）、0.01g（ml）和0.001g（ml）]，每个稀释度接种3管。

②表内所列检样量如改用 1g（ml）、0.1g（ml）和 0.01g（ml）时，表内数字应相应降低 10 倍；如改用 0. 01g（ml）、0.001g（ml）和 0.0001g（ml）时，则表内的数字应相应增加 10 倍，其余类推。

第七节　食品中副溶血性弧菌检验

副溶血性弧菌（Vivrio. parahemolyticus）是一种嗜盐性细菌，于1950年从日本一次爆发性食物中毒中分离发现，并于1966年由国际弧菌命名委员会正式命名。按照《伯杰氏鉴定细菌学手册》（第9版）为弧菌科、弧菌属中的一个种，它是一种在沿海环境中正常栖息的嗜盐性微生物，广泛存在于近海岸的海水、浮游生物、海底沉积物、海产生物（鱼类、贝类）、盐渍的蔬菜及肉蛋类品等食品中，并在温暖的夏季繁殖，在此期间，此菌在捕获的海产食品中很容易发现，是夏秋季沿海地区食物中毒和急性腹泻的主要病原菌。该菌所致感染在亚洲一些国家多见，最常引起食物传播性疾病的是日本（与当地居民食用生鱼的习惯有关），近年来欧美国家也有报道。所有菌株均有一个共同的H抗原，但有13个O抗原和65个K（荚膜）抗原。副溶血性弧菌的病原性菌株通常以产生一种特异性溶血素（神奈川Kanagawa现象）的能力与非病原性菌株相区别。

海产鱼虾平均带菌率为45.7%～48.7%，夏季高达90%，秋季约为55%，冬春季较低，为0～30%。腌制的鱼贝类如墨鱼、梭子鱼、带鱼、黄鱼等带菌率较高，在其他食品中如肉类、禽类食品、淡水鱼等也有本菌污染。我国该菌引起中毒事件中，海产品占65%，肉类和家禽约占35%（以腌制品多见）。

一、生物学特性

（一）形态与染色

本菌为革兰氏阴性多形态杆菌或稍弯曲弧菌，呈杆状、棒状、弧状、甚至球状、丝状等各种形态。大小约为0.7μm×1μm，丝状菌体长度可达15μm。在不同的培养基和不同的培养时间，其表现的形态也各异，一般情况下排列不规则，多数是散布，有时成双成对。单端鞭毛，两端浓染，运动活泼。菌体周围有菌毛，无芽孢，无荚膜。副溶血性弧菌的多形性与球状体是它与气单胞菌属在形态学上的主要鉴别特征。

（二）培养特性

副溶血性弧菌对营养要求不高，但需要一定浓度的NaCl方能生长，在无盐的培养基和NaCl浓度达到11%以上的培养基中不能生长，在含盐0.5%的培养基中即可生长；所以在普通营养琼脂或蛋白胨水中都能生长，生长所需NaCl的最适浓度为3.5%，最适生长温度为30～37℃，最适pH值为7.4～8.0，但pH值9.5时仍能生长。在碱性胨水中经6～9h增菌可形成菌膜。本菌需氧性很强，厌氧条件下生长缓慢。

以下列出该菌在一些常见培养基中的培养特性和形态特征。

（1）肉汤液体培养基。多数菌株呈现混浊，表面形成菌膜，R型菌发生沉淀。

（2）固体培养基（SS琼脂）。菌落光滑湿润，无色透明，具有辛臭、刺激的特殊气味，菌落完整，较扁平，形状与色泽和蜡滴很像，经常因为和培养基黏在一起而不容易剥落。菌落形状主要呈现卵圆形，两端浓染，中间淡染着色，少数菌落会出现杆状。

（3）氯化钠血琼脂。出现可见溶血环，如果在人血琼脂板上培养会出现绿色的溶血环。

（4）我妻（wagatsuma）氏血琼脂培养基[含高盐（7%）的人O型血或兔血并以甘露醇为碳漂]。从腹泻患者中分离得到的菌株95%以上会产生溶血现象，称为神奈川现象（Kanagawa phenomenon，KP）。

（5）TCBS琼脂平板。形成大小约为0.5～2.0mm大小的菌落，遇到蔗糖分子不会出现发酵现象，但是菌落颜色会变成蓝绿色。

（6）普通血平板。不溶血或只产生仅溶血。

（7）氯化钠蔗糖琼脂。菌落呈现绿色形态。

（8）麦康凯平板。部分副溶血性弧菌菌株不生长。

（9）伊红美蓝琼脂和中国兰琼脂培养基。不能用于副溶血性弧菌的初次分离。

（10）罗氏双糖培养基。如果培养24h，则培养物呈现的菌体基本一致，但是如果培养48h，培养物的形态则会体现出差异性，形状不一，分别有呈球形、丝状、杆状、弧状或逗点状等不同的形态，而且大小及染色特性也存在很大的差异性。将副溶血性弧菌在不同培养基上的菌落特性见表5–16。

表5–16　副溶血性弧菌在不同培养基上的菌落特性

培养基	菌落大小	边缘	隆起度	透明度	黏稠度	颜色	其他
嗜盐性选择琼脂	不扩散的直径2.5mm，一般呈扩散性生长	圆整、扩散的边缘不整	隆起，扩散得平坦	混浊	无黏性	无色	湿润
SS琼脂	直径2mm	圆整	扁平，有时菌落中央呈一点突起	透明	菌落不易挑起，有时挑起呈黏丝状	无色	
血琼脂	直径3mm	圆整	隆起	混浊	无黏性	人血琼脂平板上为暗绿色溶血环	湿润，某些菌株形成α与β之间的溶血
普通琼脂	直径1.5mm	圆整，个别隆起不整齐	隆起，扩散的平坦	混浊	无黏性	无色	湿润
碱性胆盐琼脂	直径1.5～2mm	圆整	平坦	半透明	无黏性	无色	湿润
氯化钠蔗糖琼脂	直径1.5～2mm	圆整	隆起	半透明	无黏性	无色	湿润

（三）生化特性

副溶血性弧菌属于化能有机营养型，具有呼吸和发酵两种代谢类型。其有关细菌生化特征见表5–17。

表5-17 副溶血性弧菌的生化特征

生化反应	结果	生化反应	结果
氧化酶	+	由下列糖产酸产气	
吲哚	+	葡萄糖	
V-P	–	阿拉伯糖	+/–不定
柠檬酸盐	–	乳糖	–
ONPG	–	麦芽糖	+
脲酶（尿素酶实验也不定，一般认为副溶血性弧菌尿素酶实验为阴性，但新近大量研究表明，尿素酶阳性菌占很大比例，有报道称占35.4%）	+/–	甘露糖	+
明胶液化	+	蔗糖（来自食品及外环境的分离株大都阳性，而来源于患者的多数阴性）	–不定
动力	+	水杨酸	–
多黏菌素B敏感性	+/–	纤维二糖	–
精氨酸双水解酶	–	鼠李糖	+/–不定
鸟氨酸脱羧酶	+		
赖氨酸	+		
O/129敏感性10μg	–	0氯化钠	–
O/129敏感性150μg	+	3%氯化钠	+
甲基红	+	7%氯化钠	+
靛基质	+	10%氯化钠	–

注：+表示阳性；–表示阴性。

（四）抗原结构

已明确副溶血性弧菌有三种抗原成分，即O抗原（菌体抗原）、K抗原（荚膜抗原）及H抗原（鞭毛抗原）。其中，O抗原有13种，有群特征性。

O抗原有耐热性，100℃2h仍保持抗原性，根据O抗原的种类不同，可分为A群（O1、O3）、B群（O7、O10、O12）、C群（O8、O9）、D群（O4、O6）、E群（O2、O5、O11及O13）；K抗原存在于菌体表面，不耐热，能阻止菌体与O抗血清凝集，共有65种；H抗原不耐热，100℃ 30min即破坏，特异性低，无助于分类，副溶血性弧菌所有的菌株具有共同的H抗原。以O抗原分群，O、K两种抗原定型，依据O、K两种抗原的组合可将副溶血性弧菌分为845个以上血清型。

（五）抵抗力

（1）该菌抵抗力弱，不耐热，56℃10min、75℃5min、90℃1min即被杀死。

（2）耐碱怕酸，在2%冰醋酸或食醋中立即死亡，在1%醋酸或5%食醋中1min死亡。

（3）在淡水中生存不超过2d，但在海水中能生存47d，在盐渍酱菜中存活30d以上，高浓度氯化钠的耐受力甚强，含盐浓度低于0.5%或高于11%则繁殖停止。

（4）对低温的抵抗力较强，在-20℃保存于蛋白胨水中，经11周还能继续存活。

（5）对氯、碳酸、来苏儿等一般化学消毒剂敏感，对磺胺噻唑、氯霉素、合霉素敏感；对新霉素、链霉素、多黏菌素、呋喃西林中度敏感；对青霉素、磺胺嘧啶具有耐药性。

二、副溶血性弧菌食物中毒

（一）致病机理

截至目前为止，已经被确认的副溶血性弧菌共有12种，分为5类：Ⅰ、Ⅱ、Ⅲ、Ⅳ、V型。其中Ⅰ、Ⅱ、Ⅲ型是从患病者的粪便中分离而来，Ⅳ、V型主要是从自致病的食物所包含的菌株中分离而来。

副溶血性弧菌的致病能力和它的溶血能力成正比关系，主要针对的对象是人体中的红细胞。副溶血性弧菌不耐热，分子量为42000。它的致病因子主要有黏附因子、溶血素、尿素酶和侵袭力，当菌感染量大于106CFU/g时，有可能引起感染发生。副溶血性弧菌可以侵入大肠上表皮细胞，能否产生肠毒素，目前还没有明确定论，结构中固有的鞭毛和产生的酶在入侵和引起病变的过程中起到了一定的作用。

（二）流行病学

副溶血性弧菌主要分布在海岸和海水中，所以海洋生物一般是副溶血性弧菌的携带源。由于近代工业的发展对海洋生物的污染，导致海洋生物尤其是沿海的鱼、虾、蟹、蛤等人类食物来源的海洋生物基本都携带有这类病菌。某些被污染的淡水产品例如鲤鱼、鲫鱼等淡水鱼，也有较高概率携带副溶血性弧菌。除了动物，某些植物如海带，甚至是咸菜、咸蛋等含盐量较高的食物，也因为含有副溶血性弧菌而使食用者引起食物中毒。

副溶血性弧菌在适宜的生存环境下，繁殖增长的速度非常快，一般只需要3～4h细菌可急剧增加到能够引起食物中毒的总数量。副溶血性弧菌引起的食物中毒的流行病学特点如下。

（1）副溶血性弧菌食物中毒具有明显的地区性，例如日本及我国沿海地区因为靠近海洋所以为高发区。

（2）副溶血性弧菌食物中毒具有明显的季节性，以7～9月最为多见。

（3）副溶血性弧菌食物中毒的食物主要是海产品和盐渍食品。

（4）食物中副溶血性弧菌的来源主要是海水及海底沉积物中副溶血性弧菌对海产品的污染，主要的传播手段是人群中致病菌携带者对食物的污染和食物生熟之间的交叉污染。

（三）临床表现

此菌能引起人的急性胃肠炎，摄入致病菌活菌达10万个以上即可发病，个别可呈败血症表现。主要症状有恶心、呕吐、上腹部阵发性剧烈腹痛、频繁腹泻、洗肉水样或带黏液便，每日5～6次，体温39℃及以上。重症病人可有脱水、血压下降、意识不清等。病程2～4天，一般愈后良好，无后遗症，少数病人因休克、昏迷而死亡。[①]该菌有侵袭作用，其产生耐热性溶血毒素（THD）及其相关的溶血毒素（TRH）的抗原性和免疫性相似，皆有溶血活性和肠毒素作用，可引致肠袢肿胀、充血和肠液潴留，引起腹泻。此外有的可产生不耐热溶血毒素（TLH）。THD有特异性心脏毒性，可引起心房纤维性颤动、期前收缩或心肌损害。最近有发现指出，脲酶与本病腹泻有关，患者体质、免疫力不同，临床表现轻重不一，呈多形性。山区、内陆居民去沿海地区而感染者病情较重，临床表现典型，沿海地区发病者病情一般较轻。

（四）预防与控制

此类菌以夏季污染食品、爆发流行为最多，主要是通过污染水和海产品造成食品卫生问题；厨房和水产品、食品加工厂加工过程的交叉污染

① 吴俊，孙腾云等．一起由副溶血性弧菌引起的食物中毒的实验室监测 [J]. 中国卫生检验杂志，2015，（24）：20–21.

也是重要方面。主要涉及的食品有生食的鱼片、贝壳类、龙虾、蟹和牡蛎等。欧盟法规明确规定，对所有水产品均需检验副溶血性弧菌。患者的粪便污染水质、食品原料等也是卫生危害的来源。

此类菌对外界的抵抗力弱，对热、干燥、日光以及酸均敏感，副溶血性弧菌的生长和pH值有关，在pH值为6.0的食盐酱菜中，可生存30d以上。其危害控制措施主要有：食品（尤其是水产品）加工时需彻底清洗或彻底加热处理；生熟产品严格分开，加工过程等环节严防交叉污染和重复污染；水产品食用前要彻底烹饪处理。速冻产品可降低创伤弧菌的存活率。另外，在副溶血性弧菌污染危害控制中加工时间和温度的控制是重要的预防措施。

三、检验

副溶血性弧菌的检验方法主要分为两大类：①常规微生物学检验；②分子生物学检验。目前，利用分子生物学技术检测副溶血性弧菌的方法有PCR法（多重PCR、实时PCR等）和LAMP法等。其原理为：副溶血性弧菌产生的3种类型的溶血素TDH、TRH和TLH编码基因tdh、trh和tlh在建立快速检测方法中具有重要意义。副溶血性弧菌基因组序列研究揭示，tlh是副溶血性弧菌的种特异性基因，无论是环境分离株，还是病人分离株，都携带该基因，即所有副溶血性弧菌均含有该基因。因此，检测该基因对副溶血性弧菌的鉴定具有重要作用。

下文以国标方法介绍常规微生物学检验的具体细节。

（一）检验原理

1、选择性增菌

副溶血性弧菌适宜生长的盐浓度为3%～4%，生长适宜的pH值为7.4～8.5，高含量氯化钠和高pH值可以抑制非弧菌类细菌生长，不影响副溶血性弧菌生长。因此，采用3%氯化钠碱性蛋白胨水进行选择性增菌。

2、选择性平板分离

用硫代硫酸盐—柠檬酸盐—胆盐—蔗糖琼脂或科玛嘉弧菌显色培养基分离副溶血性弧菌，由于副溶血性弧菌不分解蔗糖，不产酸，培养基中的酸碱指示剂未发生颜色变化，因而呈现绿色菌落（分解乳糖的菌落因产酸，酸碱指示剂变色，呈黄色菌落）。在科玛嘉弧菌显色培养基上呈粉紫色，挑取可疑菌落，在3%氯化钠胰蛋白胨大豆琼脂平板上划线，进一步分离纯化。

3、初步鉴定

挑选纯培养的单个菌落进行氧化酶实验、3%氯化钠三糖铁实验、嗜盐性实验并进行革兰氏染色，镜检形态。

4、确定鉴定

对符合副溶血性弧菌特征的可疑菌株做进一步生化鉴定，以确定是否为副溶血性弧菌，必要时可做血清学分型实验和神奈川实验。

（二）检验方法

1、检验过程使用的标准

食品微生物学检验副溶血性弧菌检验标准按照GB/T 4789.7–2013执行。

2、检验方法适用的范围

各类食品中副溶血性弧菌的检验。

3、使用的设备和材料

除微生物实验室常规灭菌及培养设备外，其他设备和材料如下。冰箱：2～5℃。振荡器。恒温培养箱：（36±1）℃、（42±1）℃。均质器。电子天平：感量0.1g。无菌锥形瓶：容量500ml、250ml。无菌吸管：1ml（具0.01ml刻度）、10ml（具0.1ml刻度）或微量移液器及吸头。无菌培养皿：直径90mm。无菌试管：18mm×180mm、15mm×100mm。无菌毛细管。pH计或pH比色管或精密pH试纸。全自动微生物生化鉴定系统。

4、培养基和试剂

（1）培养基。3%氯化钠碱性蛋白胨水、3%氯化钠胰蛋白胨大豆琼脂、3%氯化钠三糖铁琼脂、硫代硫酸盐—柠檬酸盐—胆盐—蔗糖琼脂、嗜盐性实验培养基、3%氯化钠甘露醇实验培养基、3%氯化钠MR－VP培养基、3%氯化钠赖氨酸脱羧酶实验培养基、血琼脂、弧菌显色培养基。

（2）试剂。氧化酶试剂、革兰氏染色液、3%氯化钠溶液、V–P试剂、ONPG试剂、生化鉴定试剂盒等。

5、检验程序

副溶血性弧菌检验标准程序如图5–12所示。

6、操作步骤

（1）样品制备。

①非冷冻样品采集后必须第一时间放置于7～10℃冰箱内保存，并且尽快进行检验；如果样品需要冷冻处理，则应该先行进行解冻，在45℃以下不超过15min或3（2±5）℃不超过18h解冻。

②剥取实验目标时，如果是鱼类和头足类动物则取表面组织、肠或者鳃。如果是贝壳类动物，则取全部贝肉以及体液。如果是甲壳类动物，则取动物的肠和鳃等中心部位，并且清洗外壳表面后，通过无菌操作打开外壳。

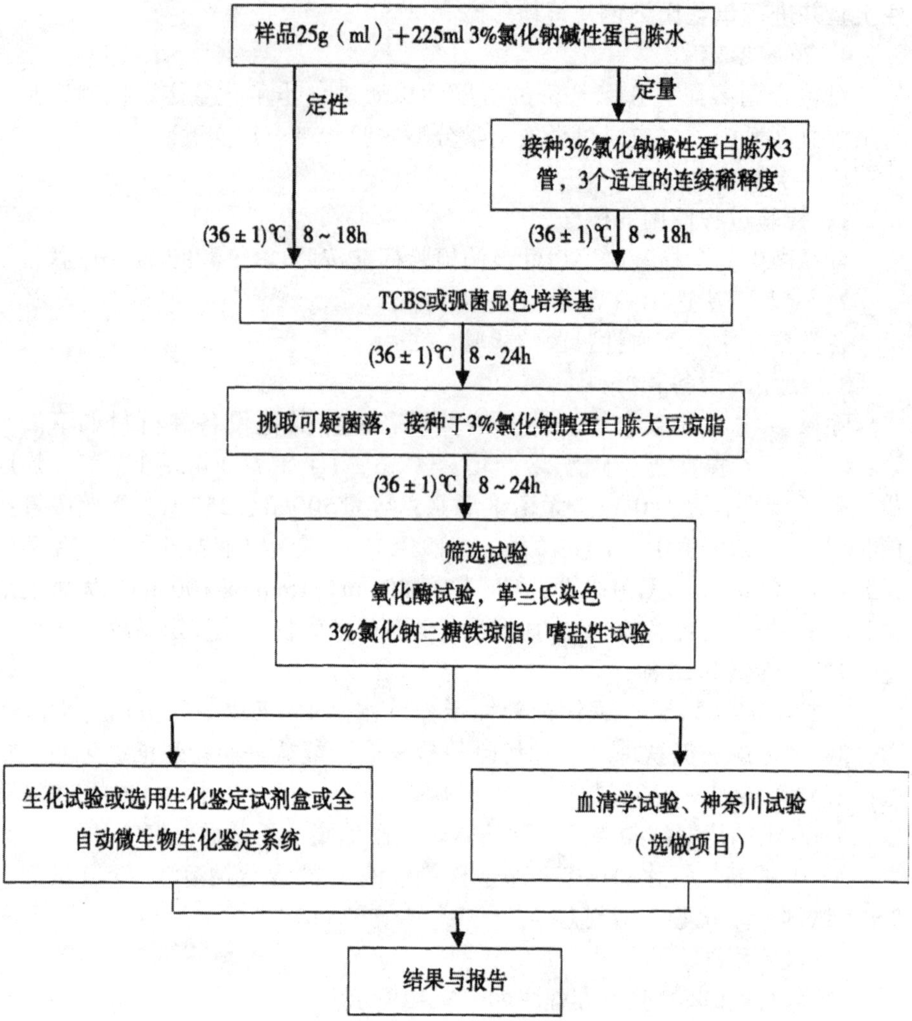

图5-12 副溶血性弧菌标准检验程序

第一步，取用25g或者25ml样品放入无菌质杯中，再加3%氯化钠碱性蛋白胨水。

第二步，以8000~10000r/min旋转刀片式转速摇匀混合液1~2min，或者将混合液放在无菌均质袋中，适用拍击式均质器拍打1~2min，经过均质处理后呈现液态则停止均质，振荡均匀即可；如果仍然呈现液固混合状，则继续均质处理。

第三步，在无菌环境下，吸取1ml混合均匀的上述混合液，将其注入到9ml的3%氯化钠碱性蛋白胨水的试管中，制成1：10的混合稀释液。

（2）增菌。

①定性检测。轻轻摇匀经过培养的样品混合物，在（36 ±1）℃培养8～18h进行增菌。

②定量检测。吸取1：10的混合稀释液1ml再次注入到9ml的3%氯化钠碱性蛋白胨水试管中，混合均匀制成1：100的混合稀释液。以此类推，制成1：1000、1：10000的均匀稀释液。在吸取过程中，每吸取一次则必须更换一次1ml灭菌吸管。置于（36±1）℃恒温箱内，培养8～18h。

（3）分离。

第一步，用接种环取上述增菌液一环，通过划线接种方法接种于一个TCBS平板。

第二步，TCBS平板在（36±1）℃培养18～24h。

第三步，观察平板上生长的菌落特征进行结果判定。

TCBS平板上培养的副溶血性弧菌的典型菌落特征为外形呈现半圆形、表面光滑、质地为半透明状，通过接触可知质感硬度和口香糖相似，直径大小为2～3mm，菌落颜色为绿色。TCBS培养平板从保温箱取出使用后，必须在1h时间内完成菌落的挑选和标记工作。

（4）纯培养。

挑取三个或三个以上的可疑菌落，划线接种于3%氯化钠胰蛋白胨大豆琼脂平板。（36±1）℃培养18～24h。

（5）初步鉴定。

①氧化酶实验。挑选纯培养的单个具有典型菌落特征的菌落进行氧化酶实验，副溶血性弧菌实验结果为氧化酶阳性。

②涂片镜检。将可疑菌落涂片，进行革兰氏染色，镜检观察形态。副溶血性弧菌为革兰氏阴性，并且具有副溶血性弧菌的典型形态特征，如呈棒状、弧状、卵圆状等形状，并且没有芽孢，但是有鞭毛。

③三糖铁琼脂实验。第一步，从自选择性琼脂平板式分别挑选单个具有典型特征的可疑菌落。第二步，通过先在斜面划线再从层穿刺的方法，接种三糖铁琼脂。第三步，在（36±1）℃培养24h，必要时可延长至48h。第四步，观察实验结果，确定菌类特性。

副溶血性弧菌在3%氯化钠三糖铁琼脂中的反应现象主要为颜色的变化，斜面颜色不变或者红色会加深，底层的颜色变黄但是不会发黑，没有气泡产生，有动力。

④嗜盐性实验。挑取纯培养的单个可疑菌落，分别接种0、6%、8%和10%不同浓度的氯化钠胰胨水中，（36±1）℃培养24h，观察液体混浊情况。

副溶血性弧菌是嗜盐性细菌，所以在0氯化钠和10%氯化钠的胰胨水中生长缓慢、软弱，甚至是不生长，但是在6%氯化钠和8%氯化钠的胰胨水中生长速度快速，培养液十分浑浊。

（6）确定实验。

第一步，用纯培养物分别接种在含3%氯化钠的甘露醇实验培养基、赖氨酸脱羧酶实验培养基、MR－VP培养基中。第二步，（36±1）℃培养24～48h。第三步，3%氯化钠三糖铁琼脂隔夜培养物进行ONPG实验。第四步，观察实验结果。

（7）血清学分型（选做）。

①制备。

第一步，用接种环取上述增菌液一环，通过划线接种方法接种于两块3%氯化钠胰蛋白胨大豆琼脂斜面。

第二步，（36±1）℃培养18～24h。

第三步，使用5%甘油溶液冲洗3%氯化钠胰蛋白胨大豆琼脂斜面培养物，以获得浓度较大的菌悬液。

②K抗原鉴定。

第一步，从上述菌悬液吸取一管。

第二步，使用多价k抗血清鉴定，观察是否出现了凝集反应。

第三步，如果出现了凝集反应，则使用单个k抗血清再次鉴定。

第四步，在玻片上划好若干区域和一个对照区域，每个区域内滴加一滴菌悬液，同时加入一滴k抗血清。

第五步，在对照区域滴入一滴3%氯化钠溶液。先向前再向后轻微倾斜玻片使各种成分混合。

③O抗原鉴定。

第一步，吸取菌悬液一管并转移至离心管内，在121℃下灭菌1h。

第二步，4000r/min离心15min，分离后弃去上层液体不用，取用沉淀物用生理盐水洗涤三次，每次洗涤后进行离心操作。

第三步，三次离心后，留用少许上清液，摇匀制取菌悬液。

第四步，在玻片上划好若干区域和一个对照区域，每个区域内滴加一滴上述菌悬液，同时加入一滴O群抗血清。

第五步，在对照区域滴入一滴生理盐水。先向前再向后轻微倾斜玻片，使各种成分混合。

第六步，观察实验结果。1min后观察是否发生凝集反应，如果没有发生，再次121℃灭菌1h后重新检测，结果显示如果还是阴性，则O抗原属于未知。根据下表5–18所示进行血清学分型结果报告。

表5-18　副溶血性弧菌的抗原

O群	K型
1	1，5，20，25，26，32，38，41，56，58，60，64，69
2	3，28
3	4，5，6，7，25，29，30，31，33，37，43，45，48，54，57，58，59，72，75
4	4，8，9，10，11，12，13，34，42，49，53，55，63，67，68，73
5	15，17，30，47，60，61，68
6	18，46
7	19
8	20，21，22，39，41，70，74
9	23，44
10	24，71
11	19，36，40，46，50，51，61
12	19，52，61，66
13	65

（8）神奈川实验（选做）。

神奈川实验的目的是测定是否含有特定溶血素，其实验结果显示的阳性与副溶血性弧菌分离株的致病性有着显著的联系，使用的培养基是我妻氏血琼脂。

第一步，用接种环将测试菌株接种在3%氯化钠胰蛋白胨大豆琼脂。

第二步，（36±1）℃培养不超过24h。

第三步，立即观察实验结果。

如果菌落周围呈半透明环的β溶血，则实验结果为阳性。

（9）结果与报告。

根据检出可疑菌落的测试结果进行分析报告。

①定性检测。报告25g（ml）样品中是否检出了副溶血性弧菌。

②定量检测。根据副溶血性弧菌阳性的试管管数，查最可能数

（MPN）检索表，报告每克（毫升）副溶血性弧菌的MPN值。

第八节　食品中肉毒梭菌及肉毒毒素检验

肉毒梭菌（Clostridium， botulinum）是一种腐败寄生菌，早在18世纪末以前，在欧洲尤其是在德国已被人们所认识，由于当时引起中毒的主要食物是腊肠，因此当时称为腊肠中毒。该菌在自然界分布很广，由于生态上的差异出现区域性的差异，以A、B两型分布最广，它的芽孢分布于土壤、沼泽、湖泊、河川和海底，各大洲都能检查出它们的芽孢；而C、D两型则主要存在于动物的尸体内或在腐尸周围的土壤里面；E型菌及其芽孢主要存在于海洋的沉积物、海鱼、海虾及海栖哺乳动物的肠道内；F型曾在动物肝脏引起食物中毒时分离到；G型菌最早从玉米中发现。引起人食物中毒的主要是A、B、E三型，C、D两型主要是畜、禽肉毒中毒的病原。

由于肉毒梭菌的生命力强并广泛存在于自然界，特别是土壤中，所以易于污染食品。在适宜条件下可在食品中产生剧烈的神经毒素，即肉毒毒素，能引起以神经麻痹为主要症状、病死率甚高的食物中毒，又称肉毒中毒，故检验食品特别是不经加热处理而直接食用的食品中有无肉毒梭菌极为重要。

一、生物学特性

（一）形态与染色

肉毒梭菌属于厌氧性梭状芽孢杆菌属，具有该菌的基本特性，是革兰氏染色阳性粗大杆菌，大小为（4～6）μm×（0.9～1.2）μm，多单个存在，两侧平行，两端钝圆。该菌为多形态细菌，直杆状或稍弯曲，也有长丝状或者链条状，有4～8根周生鞭毛，运动速度迟缓，没有荚膜。芽孢为卵圆形，位于菌体次末梢。由于芽孢的体积往往大于菌体的宽度，所以菌体多呈现球拍形。当菌体开始形成芽孢时，很大概率发生自溶现象。

（二）培养特性

肉毒梭菌为专性厌氧菌，可在普通培养基上生长，28～37℃生长良好，但本菌产生毒素的最适生长温度为25～30℃，最适pH值为6.0～8.2（该菌在8℃以上及pH值4以上都可形成毒素），在10%食盐溶液中不生长。在各类不同培养基土的生长情况各异。

（1）固体培养基。形成不规则、直径3mm左右的圆形菌落。菌落半透明，表面呈颗粒状，边缘不整齐，界线不明显，向外扩散，呈绒毛网状，常常扩散成菌苔。

（2）葡萄糖鲜血琼脂平板。菌落较小，扁平，颗粒状，中央低隆，边缘不规则，带丝状或绒毛状菌落，开始较小，37℃培养3～4d，可达5～10mm。通常不易获得良好的菌落。因易于混合在一起，有的菌落会出现与菌落几乎等大或者更大的β–溶血环。

（3）乳糖卵黄牛奶平板。菌落下培养基为乳浊，菌落表面及周围形成彩虹样（或珍珠层样）薄层，但G型没有，不分解乳糖；分解蛋白的菌株，菌落周围出现透明环。

（4）液体或半流动培养基（含有肉渣）。肉毒梭菌生长旺盛而且产生大量气体。A、B、F三型表面混浊，底部有粉状或颗粒状沉淀，并能消化肉块将其溶解为烂泥状，并变黑，产生腐败恶臭味，3d后菌体下沉肉汤变清。而C、D、E三型则表现清亮，絮片状生长，粘贴于管壁。

此外，不同菌型产毒的最适培养温度不完全相同。C、D型温度高些为宜，35℃培养3d即可，而E型菌低温长时间培养效果较好。

（三）毒素及其类型

根据肉毒梭菌能产毒素的抗原特异性，可分为A、B、C、D、E、F、G七型，其中C型又分为Cα和Cβ型。各型毒素只为其相应的抗毒素所中和（即A型毒素只为A型抗毒素所中和），但Cβ型毒素既可为Cβ型抗毒素又可为Cα型抗毒素中和。

各型毒素是由同型细菌所产生的，其主要来源及致病性见表5–19。

表5–19 各型肉毒梭菌毒素的来源及其致病性

型别	毒素主要来源	主要易感动物	所致疾病	抗毒素
A	发酵食物、罐头食品	人、鸡、牛、马、水貂	人食物中毒，鸡软颈病，牛、马、水貂中毒	特异性
B	发酵食物、肉制品	人、鸡、牛、马、水貂	同上	特异性
Cα	灰绿蝇、蛆、池沼腐烂植物	水禽	禽类软劲病	可中和Cα和Cβ毒素
Cβ	含毒素饲料、腐尸	牛、羊、马、水貂	牛、马、水貂中毒	可中和Cα和Cβ毒素
D	腐肉	牛	非洲牛跛病	特异性

续表5-19

型别	毒素主要来源	主要易感动物	所致疾病	抗毒素
E	生鱼、海生哺乳动物	人	食物中毒	特异性
F	发酵食物、肉品	人	食物中毒	特异性
G	–	–	食物中毒	特异性

根据肉毒梭菌的生化反应亦可分为两型：一种能水解凝固蛋白的称为解蛋白菌；另一种不能水解凝固蛋白，称为非解蛋白菌。前者能产生A、B、C、D、E、F、G型毒素，后者能产生B、C、D、E、F型毒素。

（四）生化特性

肉毒梭菌的生化性状很不规律，即使同型，也常见到株间的差异。肉毒梭菌能分解葡萄糖、麦芽糖及果糖，产酸产气，对其他糖的分解作用因菌株不同而异。能液化明胶，但菌株间有液化能力的差异，缓慢液化凝固血清37℃15d，使牛乳消化，产生H_2S，但不能使硝酸盐还原为亚硝酸盐。各型肉毒梭菌的生化反应见表5-20。

表5-20 各型肉毒梭菌的生化反应

菌型或菌株	葡萄糖	麦芽糖	乳糖	蔗糖	明胶酶产生	蛋白酶产生	脂肪酶产生	磷脂酶产生	溶血
A型	+	+	–	+	+	+	+	–	+
B型PL株	+	±	–	+	+	+	+	–（+）	+
NP株	+	±	–	+	+	–	+	–（+）	+
C型	+	+	–	–	+	–	+	–（+）	+
D型	+	+	–	–	+	–	+	–（+）	+
E型	+	±	–	+	±	–	+	–	+
F型PL株	+	+	–	+	+	+	+	–	+
NP株	+	±	–	+	+	–	+	–（+）	+
G型	–	–	–	–	+	+	–	–	–

注：± 株间不同；–（+）个别株产生；PL 蛋白分解株；NP 非蛋白分解株。

（五）抵抗力

肉毒梭菌加热至80℃30min或100℃10min即可杀死，但其芽孢抵抗力强，煮沸要6h、105℃2h、110℃36min、120℃需4～5min才能将其杀死。肉毒梭菌所有菌株在45℃以上都受到抑制。

肉毒梭菌毒素为一种蛋白质，分子量1500000，通常以毒素分子和一种血细胞凝集素载体（分子量为500000）所构成的复合物形式存在，不被胃液或消化酶所破坏。在pH值3～6范围内毒性不减弱，但在pH值8.5以上或100℃10～20min常被破坏。

毒素在干燥密闭和阴暗条件下可保存多年。毒素用甲醛处理后即变成类毒素。毒素及类毒素均有抗原性，注射于动物体内能产生抗毒素。

二、肉毒梭菌中毒

肉毒梭菌食物中毒又称肉毒中毒，是由于人们误食了被肉毒梭菌污染的食物并且该菌在其繁殖过程中产生了外毒素所致。

（一）致病因子

肉毒梭菌食物中毒与肉毒梭菌及芽孢无直接关系，其致病的物质基础是它能产生强烈的外毒素即肉毒毒素（大分子蛋白）；肉毒毒素如果进入了血液循环系统，会抑制神经传导介质乙酰胆碱的释放，主要作用位置是运动神经和副交感神经的神经末梢，进一步引起肌肉运动障碍发生软瘫。肉毒毒素是目前已知的毒素中毒性极强的一种，无论是在已知的天然毒素还是合成毒素领域。据称，精制毒素1g能杀死400万小白鼠，一个人的致死量大概1μg左右。毒素作用于神经系统，主要抑制神经末梢释放乙酰胆碱，引起肌肉松弛麻痹，特别是呼吸肌麻痹导致死亡。引起人粪食物中毒的主要为A、B、E三型（见表5-19所致疾病一栏），F型亦可引起人类的毒血症，E型肉毒毒素可被胰酶激活而毒力增强。

按照产生的毒素的抗原特异性可以将肉毒梭菌为 7 个类型：A、B、C、D、E、F、G 型。其中的 A、B、E、F 四种毒素对人体属于致病毒菌的范畴。

A型毒素经过60℃2min加热，基本可以完全破坏掉，而B、E二型毒素要经70℃2min才能被破坏；C、D二型毒素对热的抵抗能力更大；C型毒素要经过90℃1min加热才能完全破坏。所以，要消灭所有类型的毒素，只要煮沸1min或者75℃5～10min就可以完全杀死这些毒素。肉毒毒素对碱性环境很敏感，对酸性环境的反应则相对比较稳定。

（二）流行病学

肉毒中毒绝大多数都是由于食用肉食制品引起的，与生活饮食习惯有很大关系，例如欧洲国家的火腿、腊肠、禽类等，甚至是日本等国家的鱼肉、豆类、蔬菜和水果罐头产品。所以，肉毒中毒一年四季都会发生。美国则多为家庭自制的蔬菜、水果罐头、水产品和肉、奶类制品引起中毒；日本和俄罗斯多因鱼制品中毒。在我国，因肉制品和罐头食品引起中毒的较少，以发酵食品（如臭豆腐、豆瓣酱、豆豉等）引发中毒的较多。

肉毒毒素进入机体的方式大体有4种。

（1）食物媒介。这是最早被发现的中毒方式，而且迄今全世界包括我国在内的绝大部分肉毒中毒病例均属于此类型。

（2）吸入。这是极罕见的中毒类型，只有在进行肉毒梭菌及其毒素研究的检验室内偶尔发生。

（3）创伤感染。肉毒梭菌芽孢污染创伤部位，在局部发芽繁殖，产生毒素，引起肉毒中毒。

（4）肠道感染。肉毒梭菌能否在肠道内产毒而引起人的肉毒中毒，直至近些年才得出结论。1976年在美国加利福尼亚首次发现婴儿猝死综合征（SIDS），病例中有一部分实属肉毒中毒。婴儿经口吞入的肉毒梭菌芽孢在消化道内发芽繁殖，产生肉毒毒素，引起中毒，此类肉毒中毒目前一般见于婴儿肉毒中毒。

（三）临床症状

肉毒中毒的潜伏期短者仅3h，长者可达10d左右，通常为12～18h，其特点是潜伏期越短，死亡率也就越高，说明其毒素含量高、毒力强。

肉毒毒素具有极强的神经亲和力，会作用于神经交叉处和神经末梢部分，尤其是能够阻止神经传递介质乙酰胆碱的释放，导致肌肉麻痹，丧失行动能力。肉毒毒素引起的中毒死亡率极高，由于呼吸麻痹导致心肌瘫痪高达30%～60%。如果在发病早期就通过使用抗毒血清治疗，则死亡率会降低至10%～15%。

本病的症状较为严重，主要为神经出现麻痹，患者眼睑下垂，出现复视；继而为运动困难，不能抬头，头多倒向一侧或向前；肌肉无力，吞咽和语言困难，口腔分泌物多，但无法咽下，因此渴感增加；瞳孔放大，对光反应迟钝，还可见斜视，一般神智仍清楚；后期还发生呼吸困难，患者一般无明显体温变化或稍低于正常体温，胃肠道无明显症状；但也有少数病例，在发病初期出现肠胃炎，而后出现癫痫的神经症状。病程通常2～3d，有些病例可持续2～3周，不少患者在疾病后期可能出现便秘和鼓肠，死亡率可达30%～60%。死亡原因主要是呼吸困难（麻痹）所致，直至死前神智仍清楚，保持知觉，患者有恐惧感。

可选用的治疗方法包括以下两种。

（1）抗毒素治疗。多价肉毒抗毒血清对本病有特效，必须及早给予，发病后24h内或瘫痪现象发生前注入最为有效，静脉或肌肉注入（5～10）万IU一次，必要时6h后重复给予同量。

（2）支持及对症治疗。发病早期确诊为肉毒中毒或疑似本病后，应立刻用水或高锰酸钾（1：4000）洗胃并灌肠，病人应安静休息，注意保暖。

肉毒中毒愈后一般无后遗症，但某些症状消失缓慢，最终可恢复正常，也有极个别病例，可能在较长时期内一直处在某肢体不完全瘫痪的情况。

（四）预防与治疗

防止肉毒中毒的办法包括减少食品的微生物污染水平、给予酸性环境、减少湿度水平和破坏食品中所有肉毒梭菌的芽孢。最常用的破坏方法是加热处理。正确加工的罐头食品不会含有活的肉毒梭菌。家庭制作的罐头食品比商业制造的罐头所引起的肉毒中毒事例更多，这反映出商业罐头生产者对加热的要求了解得更多，掌握得更好。

一种食品含有活的肉毒梭菌还不能引起肉毒中毒。只要这种细菌不繁殖，毒素就不会产生。在很多食品中，肉毒梭菌的营养要求是足够的，但并不是都能提供必要的厌氧条件。很多罐头食品和很多肉类以及鱼类食品，在营养和厌氧两方面的要求都能满足。如果食品（自然的或人为的）是酸性的（低pH值），有低的水活度，有高浓度的氯化钠，以及亚硝酸盐达到抑制浓度，这些条件两个或两个以上结合起来，即使是合适的食品也会抑制肉毒梭菌的生长。除非很严格地掌握温度并保持低于3℃的条件，冷藏温度不会抑制非蛋白分解菌株的生长和毒素的产生。况且，作为肉毒中毒媒介物的这些食品，其加工的目的是为了防止腐败，一般来说是不冷藏的。

肉毒中毒的发生，一般有以下几种情况，即制作食品的原料中带有肉毒梭菌芽孢；在食物加工过程中，芽孢未被完全杀灭；在食物加工或贮存过程中，温度较高，缺氧，适宜芽孢的繁殖和产毒；熟食制品在食用前未经充分加热使毒素完全破坏。[①]因此，在食品加工过程中，应加强食品卫生管理，改进食品制作及食用方法，保证食用安全。生产罐头食品时，必须严格遵守操作规程，装罐后要灭菌彻底。对可疑的食品要加热处理，加热温度一般为100℃1h。

具体而言，可采取以下措施预防本病的发生。

（1）控制食品原料的清洁度，在食品原材料采集阶段，去除食品原料商附着的泥土和粪便，再用清洁的净水充分清洗干净。尤其是在肉毒感染多发

① 杨书观．细菌性食物中毒的微生物学检验[J]．临床医学，2016，（4）：38-39.

的地区，土壤及动物粪便中带有的肉毒梭菌含量较高，需要更加严格的监控。

（2）肉毒梭菌在罐头食品中的中毒率也比较高。所以罐头生产过程中，必须严格按照工艺流程和卫生制度规定进行灭菌操作。罐头如果在储藏或者运输过程中发生胖听或者破裂现象，则不允许被使用。

（3）肉毒梭菌毒素由于并不耐热，所以遇到可疑食品时，通过加热80℃经30min或100℃经10～20min高温完全杀菌后，可以放心食用，这是防止肉毒梭菌中毒最有效的方法。

（4）半成品或者待加工的肉类，包括鱼肉和动物肉等，避免在较高温的条件下放置，避免在缺氧条件下保存。原材料加工时必须经过清洗，食用前如果不需要再次加热的食品，尤其要认真进行第一次消毒并迅速冷却冷藏。

（5）对于免疫力较差的婴儿，防止婴儿中毒最重要的是避免带菌食物被食用。另外，婴儿能够接触到的物品，如玩具、奶嘴等要注意清洁，避免交叉感染。婴儿食用的其他如水果、蔬菜等，应去皮清洗干净，不吃过期变质的奶制品或者蜂蜜。

三、检验

（一）检验原理

肉毒梭菌及其型别的鉴定主要依据产毒实验。

1、肉毒毒素检测

因肉毒毒素在明胶磷酸盐缓冲液中稳定，故采用明胶磷酸盐缓冲液制备肉毒毒素检样。又因为E型毒素需要胰酶激活才能表现出较强的毒力，所以检样分两份，其中一份用胰酶激活处理。

肉毒毒素检测以小白鼠腹腔注射法为标准方法，取样离心上清液及其胰酶激活处理液分别注射小白鼠，若小白鼠以肉毒毒素中毒特有的特征死亡，表示检出肉毒毒素，并进一步证实。采用多型肉毒抗毒诊断血清与检样作用中和毒素和加热破坏肉毒毒素的方法，证实样品中的毒素是否为肉毒毒素；若注射以上两种方法处理的检样的小白鼠均获保护存活，而注射未经其他处理的检样的小白鼠以特有症状死亡，则证实含有肉毒毒素，并进行毒力测定和定型实验，报告检样含有某型肉毒毒素。

2、肉毒梭菌及其型别检测

采用庖肉培养基进行增菌产毒培养实验，并进行毒素检测实验，阳性结果证明检样中存在肉毒梭菌，报告检样含有某型肉毒梭菌。

经毒素检测实验证实含有肉毒梭菌的增菌产毒培养物，用卵黄琼脂平板分离肉毒梭菌，其在该琼脂上生长时，菌落及周围培养基表面覆盖有特有的彩虹样（珍珠层样）薄层，但G型菌无此现象。

挑取卵黄琼脂平板上的菌落进行增菌产毒培养实验和培养特性检测实验，以便进一步确证。得到确证后，报告由样品分离的菌株为某型肉毒梭菌。

（二）检验方法

1、参考检验标准

食品卫生微生物学检验肉毒梭菌及肉毒毒素检验（GB 4789.12-2016）。

2、适用范围

各类食品和食物中毒样品中肉毒梭菌及肉毒毒素的检验。

3、设备和材料

除微生物实验室常规灭菌及培养设备外，其他设备和材料如下。冰箱：0～4℃。恒温培养箱：（30±1）℃、（35±1）℃、（36±1）℃。离心机：3 000r/min。显微镜：10倍～100倍。相差显微镜。均质器或灭菌乳钵。架盘药物天平：0～500g，精确至0.5g。厌氧培养装置：常温催化除氧式或碱性焦性没食子酸除氧式。灭菌吸管：1ml（具0.01ml刻度）、10ml（具0.1ml刻度）。灭菌平皿：直径90mm。灭菌锥形瓶：500ml。灭菌注射器：1ml。小白鼠：12～15g。

4、培养基和试剂

（1）培养基。庖肉培养基、卵黄琼脂培养基。

（2）试剂。明胶磷酸盐缓冲液、肉毒分型抗毒诊断血清、胰酶（活力1：250）、革兰氏染色液。另需实验动物（小白鼠）。

5、检验程序

肉毒梭菌及肉毒毒素检验程序见图5-13。

图5-13的说明如下。

报告（1）。检样中有无肉毒毒素以及有何型肉毒毒素（如仅为了肉毒中毒诊断，即可结束检验）。

报告（2）。对增菌产毒培养物，一方面做生长特性观察，同时检测肉毒毒素。报告检样中有无肉毒梭菌以及有何型肉毒梭菌（有些样品如土壤、泥沙等基本上不可能含有毒素，则应从培养着手）。

报告（3）。根据培养的特性观察和毒素检查实验，可以确定所得纯菌种肉毒梭菌的种类。想要获得纯菌菌株，可以通过增菌毒素培养物分离培养取得。

如图5-13所示为肉毒梭菌及肉毒毒素的标准检验程序。

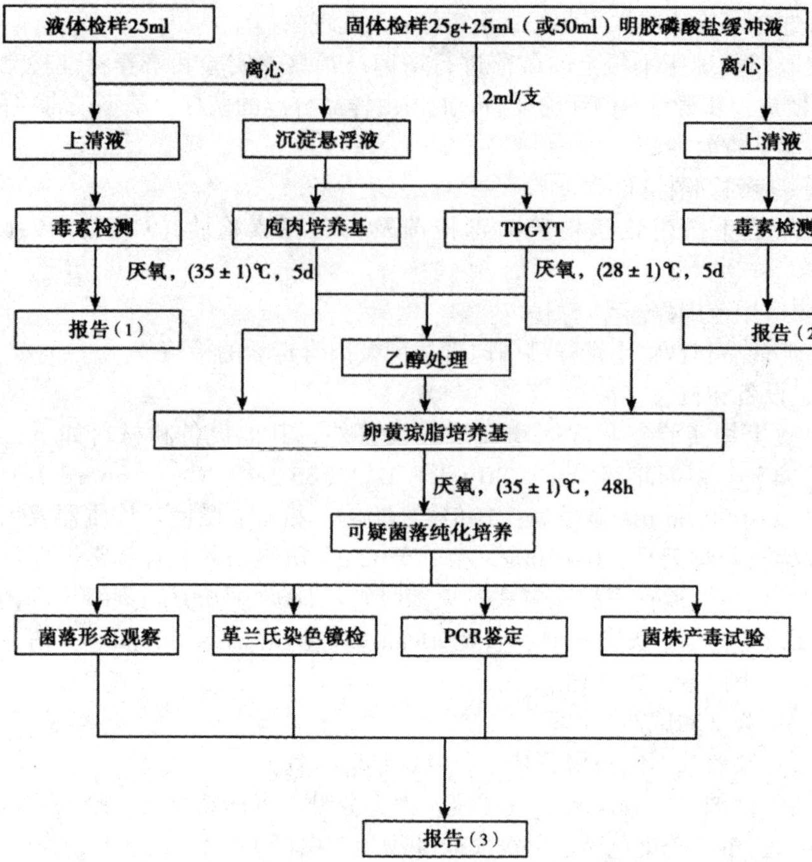

图5-13　肉毒梭菌及肉毒毒素标准检验程序

6、操作步骤

（1）样品制备。

①样品保存。待检样品应放置2～5℃冰箱冷藏。

②固态与半固态食品。固体或游离液体很少的半固态食品，以无菌操作称取样品25g，放入无菌均质袋或无菌乳钵，块状食品以无菌操作切碎，含水量较高的固态食品加入25ml明胶磷酸盐缓冲液，乳粉、牛肉干等含水量低的食品加入50ml明胶磷酸盐缓冲液，浸泡30min，用拍击式均质器拍打或用无菌研杵研磨制备样品匀液，收集备用。

③液态食品。液态食品摇匀，以无菌操作量取25ml检验。

④剩余样品处理。取样后的剩余样品放2～5℃冰箱冷藏，直至检验结果报告发出后，按感染性废弃物要求进行无害化处理，检出阳性的样品应采用压力蒸汽灭菌方式进行无害化处理。

（2）肉毒毒素检测。

①毒素液制备。

取样品匀液约40ml或均匀液体样品25ml放入离心管，3000r/min离心10～20min。收集上清液分为两份放入无菌试管中，一份直接用于毒素检测，一份用于胰酶处理后进行毒素检测。液体样品保留底部沉淀及液体约12ml，重悬，制备沉淀悬浮液备用。

胰酶处理：pH调节。使用1mol/ml无菌NaOH作为碱性调制液或1mol/ml无菌HCl作为酸性调制液，调制pH值至6.2。按照9：1比例调制胰酶混合溶液，混动均匀，37℃60min。

②检出实验。

第一步，使用5号针头注射器吸取离心上清液和胰酶处理上清液注射小白鼠三只，每只注射0.5ml，注入位置为腹腔。

第二步，观察记录小白鼠48h的生理特征。

一般情况下，小白鼠在6h会出现中毒表现或者死亡，主要表现为竖毛、四肢瘫软，伴随着风箱式呼吸，腰腹部呈现蜂腰式凹陷，最后因为呼吸衰竭而死亡。这种情况下可以判定为肉毒毒素中毒所导致。

如果小白鼠在24h后才发生死亡现象，则需要进一步观察小白鼠中毒症状，必要时浓缩上清液重复进行实验。如果小白鼠在30min内就发生了死亡现象，则将毒素上清液进行稀释后再重复实验。

③确证实验。

第一步，取上清液或者胰酶处理上清液的毒素实验阳性混合液共三份，每份0.5ml。

第二步，第一份加入等量多型的混合肉毒毒素诊断血清，第二份加入等量明胶磷酸盐缓冲液，第三份同样加入等量明胶磷酸盐缓冲液。

第三步，第一份混合均匀，37℃孵育30min；第二份混合均匀后煮沸10min；第三份混匀即可。

第四步，将上述三份混合液各吸取0.5ml后，分别注入两只小白鼠腹腔。

第五步，观察记录96h内小白鼠的症状。

结果判定：若注射第一份和第二份混合液的小鼠未死亡，而注射第三份的小白鼠发病死亡，并出现肉毒毒素中毒具备的典型症状，则判定检测样品中含有肉毒毒素。

（3）肉毒梭菌检验。

①培养。

第一步，准备庖肉培养基4支及TPGY肉汤管2支，并进行溶解氧去除及消毒工作，将培养基和肉汤管隔水煮沸10～15min。

第二步，在TPGY肉汤管中注入胰酶液，每支1ml，制成TPGYT。注入过程要缓慢进行。

第三步，吸取待检混合液2ml到庖肉培养基中，每份样品接种4支。

第四步，吸取待检混合液2ml到TPGYT肉汤管，每份样品接种2只。

第五步，放置2支庖肉培养基（35±1）℃厌氧培养5d，2支庖肉培养基80℃保温10min后再放置（35±1）℃厌氧培养5d。

第六步，放置2支TPGYT肉汤管，（28±1）℃厌氧培养5d。

第七步，观察记录实验过程和结果。

如果经过5d的培养仍然无菌落长出，增菌培养物5d无菌生长，则延长培养期限至10d，再观察生长情况。

②分离与纯他培养。

第一步，吸取1ml增菌液注入到无菌螺旋帽试管中。

第二步，加入等体积无水乙醇，混合均匀后放置室温下1h，无水乙醇必须进行必要的过滤纯菌处理。

第三步，将增菌培养物和经过无水乙醇处理的增菌培养液分别接种在卵黄琼脂平板。

第四步，将上述琼脂培养平板（35±1）℃厌氧培养48h。

第五步，观察菌落特征。在分离培养板上选择具有典型肉毒梭菌的菌落5个，然后分别接种在5个卵黄琼脂平板上。

第六步，将第五步的培养平板（35±1）℃厌氧培养48h。

③鉴定实验。

A.染色镜鉴定。

挑取可疑菌落进行涂片、革兰氏染色和镜检。观察待检菌落是否具有肉毒梭菌的典型特征。即菌体形态为两侧平行，两端钝圆。该菌为多形态细菌，直杆状或稍弯曲，也有长丝状或者链条状，有4～8根周生鞭毛，运动速度迟缓，没有荚膜。芽孢为卵圆形，位于菌体次末梢。由于芽孢的体积往往大于菌体的宽度，所以菌体多呈现球拍形。

B.毒素基因鉴定。

第一步，挑选可疑肉毒梭菌的菌落接种于TPGY上面。

第二步，（35+1）℃厌氧培养24h。

第三步，制备DNA模板。

第四步：如果有必要则加入核酸的浓度测定。测定步骤为取5μl DNA模板溶液然后加入纯水稀释，然后使用核酸蛋白分析仪或者紫外分光光度计分别检测260nm和280nm波段的吸光值分别为A260和A280。然后按照下列公式计算DNA的浓度：

$$C = A260 \times N \times 50$$

式中：C——DNA浓度，μg/ml;A260——260nm处的吸光值；N——核酸稀释倍数。

当核算浓度在0.34～340μg/ml，比值在1.7～1.9之间时，适宜于PCR扩增。

第五步，PCR扩增。

分别采用针对各型肉毒梭菌毒素基因设计的特异引物（见表5-21）进行PCR扩增，包括A型肉毒毒素（botulinum neurotoxin A，bont/A）、B型肉毒毒素（botulinum neurotoxin B，bont/B）、E型肉毒毒素（botulinum neurotoxin E，bont/E）和F型肉毒毒素（botulinum neurotoxin F，bont/F），每个PCR反应管检测一种型别的肉毒梭菌。

表5-21　肉毒梭菌毒素基因PCR检测的引物序列及其产物

检测肉毒梭菌类型	引物序列	扩增长度
A型	F5'-GTG ATA CAA CCA GAT GGT AGT TAT AG-3'	983
	R5'-AAA AAA CAA GTC CCA ATT ATT AAC TTT-3'	
B型	F5'-GAG ATG TTT GTG AAT ATT ATG ATC CAG-3'	492
	R5'-GTT CAT GCT TTA ATA TCA AGG CTG G-3'	
E型	F5'-CCA GGC GGT TGT CAA GAA TTT TAT-3'	410
	R5'-TCA AAT AAA TCA GGC TCT GCT CCC-3'	
F型	F5'-GCT TCA TTA AAG AAC GGA AGV AGT GCT-3'	1137
	R5'-GTG GCG CCT TTG TAC CTT TTC TAG G-3'	

反应体系配制见表5-21，反应体系中各试剂的量可根据具体情况或不同的反应总体积进行相应调整。

反应程序，预变性95℃、5min；循环参数94℃、1min，60℃、1min，72℃、1min；循环数40；后延伸72℃、10min; 4℃保存备用。

PCR扩增体系应设置阳性对照、阴性对照和空白对照。用含有已知肉毒梭菌菌株或含肉毒毒素基因的质控品作阳性对照、非肉毒梭菌基因组DNA作阴性对照、无菌水作空白对照。使用凝胶电泳和毛细管电泳仪检测PCR的扩增产物。

结果判定依据为阳性或者阴性和空白对照的结果。如果阳性对照的结果出现了预期大小的扩增条带，则本次PCR检测成立并且结果为阳性；相反如果没有出现预期大小的扩增条带，则判定结果为阴性。

第六步，菌株产毒实验。

将PCR阳性菌株或可疑肉毒梭菌菌株接种庖肉培养基（35±1）℃厌氧培养5d。如果毒素验证结果为阳性，可以确定包含有肉毒梭菌，并且根据定型实验结果可以判定肉毒梭菌型别。注：根据PCR阳性菌株型别可直接用相应型别的肉毒毒素诊断血清进行确证实验。

7、结果报告

（1）报告内容第一项结论为根据检测结果报告是否检出了肉毒梭菌。

（2）如果检出了肉毒梭菌，则根据实验结果给出肉多梭菌属于何种类型的结论。

第九节　真菌及其毒素检验

一、真菌的特性

真菌中最大的两类就是酵母菌和霉菌。酵母菌形态特征为单细胞、圆形或者卵圆形，也有腊肠形或者杆形。霉菌的外形特征为有着疏松的绒毛状的菌丝体。酵母菌和霉菌分布在自然界的各个角落，而且是食品中较常见的菌落，是引起食物腐败变质的两大微生物。

酵母和霉菌在低温冷冻保藏和辐照杀菌等保藏技术刺激下，有可能转换为其他物质，还会产生霉菌毒素，该毒素有着较强的致癌作用。有些霉菌和酵母常常使正常食物的色香味改变，随着毒素的新陈代谢和积累，会引起慢性食物中毒。所以，食品卫生的检查内容将酵母和霉菌作为一项必选检查项目。

二、真菌检验平板计数

霉菌和酵母菌平板计数是指食品检样经过处理，在一定条件下培养后，所得1g或1ml检样中所含的霉菌和酵母菌菌落数。

（一）设备和材料

恒温培养箱：28℃±1℃。冰箱：2~5℃。显微镜：10倍~100倍。恒温振荡器；均质器；电子天平。无菌试管：10mm×75mm。无菌锥形瓶：500ml、250ml。无菌广口瓶：500ml。无菌吸管：1ml（具0.0ml刻度）、

10ml（具0.1ml刻度）。无菌平皿：直径90mm。无菌牛皮纸袋、塑料袋。

（二）培养基和试剂

（1）马铃薯-葡萄糖-琼脂培养基（PDA）。

马铃薯（去皮切块）300g、葡萄糖20g、琼脂20g、蒸馏水1000ml。

将马铃薯去皮切块，加1000ml蒸馏水，加热煮沸10～20min，用纱布过滤，补加蒸馏水至1000ml，加入葡萄糖和琼脂，加热溶解，分装121℃高压蒸汽灭菌20min。

（2）孟加拉红培养基。

蛋白胨5g、葡萄糖10g、磷酸氢二钾1g、硫酸镁（无水）0.5g、琼脂20g、孟加拉红0.033g、氯霉素0.1g、蒸馏水1000ml。

上述成分加入蒸馏水中，加热溶化，补足蒸馏水至1000ml，分装后，121℃高压蒸汽灭菌20min。倾注平板前，用少量乙醇溶解氯霉素加入培养基中。

（三）样品的采集

取样时须特别注意样品的代表性和避免采样时的污染，准备好灭菌容器和采样工具，如灭菌牛皮纸袋或广口瓶、金属勺等。采取有代表性的样品，样品采集后应尽快检验，否则应将样品放在低温干燥处。

糕点、面包等谷物加工制品、发酵食品、乳及其制品及其他液体食品，用灭菌工具采集待测食品250g，装入灭菌容器内送检。

（四）检验程序

霉菌酵母菌平板计数检验程序如图5-14所示。

（五）操作步骤

1、样品的稀释

第一步，取用25g或者25ml样品放入无菌质杯中，再加入225ml灭菌蒸馏水或生理盐水或磷酸盐缓冲液。

第二步，以8000～10000r/min转速摇匀混合液1～2min，或者将混合液放在无菌均质袋中，适用拍击式均质器拍打1～2min，经过均质处理后呈现液态则停止均质，振荡均匀即可，如果仍然呈现液固混合状则继续均质处理。

第三步，在无菌环境下，吸取1ml混合均匀的上述混合液，将其注入到9ml灭菌生理盐水的试管中，制成1：10的混合稀释液。

第四步，吸取1：10的混合稀释液1ml再次注入到9ml的灭菌生理盐水试管中，混合均匀制成1：100的混合稀释液。以此类推，制成1：1000、1：10000的均匀稀释液。在吸取过程中，每吸取一次则必须更换一次1ml灭菌吸管。

第五步，选择2～3个适宜稀释度的样品匀液，选择原则是根据对样品污染实际情况的估计选用稀释度样品混合液。每个稀释度吸取1ml样品混合液，同时制作一个1ml样品的空白对照。

第六步，取20～25ml冷却立即加入到46℃的马铃薯-葡萄糖-琼脂或孟加拉红培养基[可放置于（46±1）℃恒温水浴箱中保温]，左右略微倾斜于平皿，并转动平皿使其混合均匀，然后水平放置待完全凝固。

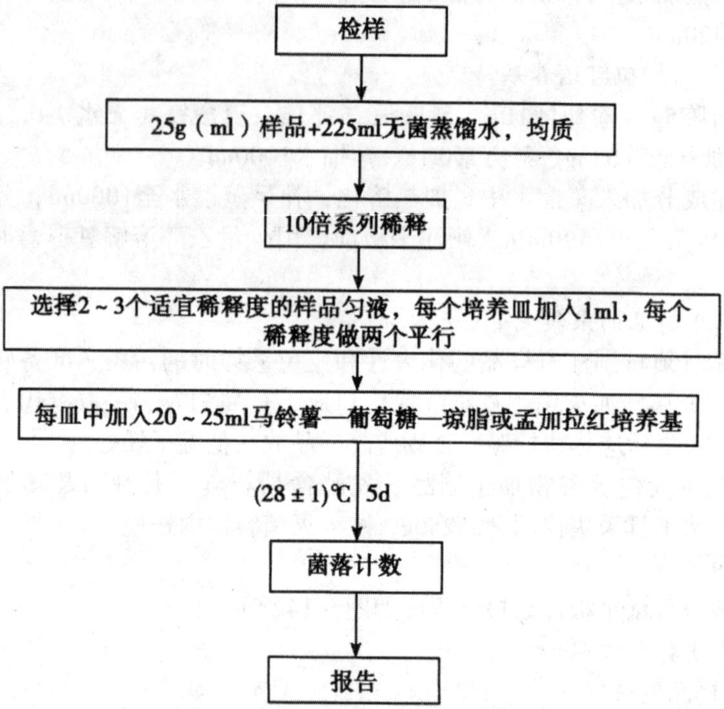

图5-14 霉菌和酵母菌计数的检验程序

2、菌落的培养

待琼脂完全凝固后，将平板倒置于（28±1）℃恒温箱培养5d，观察并记录。

3、菌落计数

（1）肉眼观察，可以借助放大镜进行计数。记录不同稀释液所对应的霉菌和酵母菌数量，以菌落形成单位CFU表示。

（2）选取菌落数在10～150CFU的平板，根据菌落形态判定是霉菌还是酵母菌，如果菌落以及蔓延覆盖了整块平板则舍弃不用。菌落数以两个板的平均数为最终结果。

（六）结果与报告

（1）计算方法为两个平板菌落数的平均数乘以稀释倍数得出结果。

（2）报告。

①如果菌落数在100以内时，则按四舍五入的原则报告，结果最后采用两位有效数字。

②菌落数≥100时，前3位数字采用四舍五入原则报告，取前2位有效数字，后面的数字为0，也可以用指数形式报告。

③如果是称重取样检验，则以CFU/g为单位报告。如果是以体积取样进行检验，则以CFU/ml为单位报告。

三、真菌检验直接镜检计数

霉菌计数采用直接镜检计数法进行计数。长用的镜检计数法是郝氏霉菌计数法。

（一）检验原理

霉菌因为具有较特殊和容易辨认的形态，所以通过显微镜可以完成肉眼观察计数过程。霉菌具备以下显著外形特征。

（1）菌丝形成平行壁。因为霉菌的菌丝呈管状而且菌丝的直径基本一致，所以菌丝壁整体看起来像是两个平行壁。这也是区别霉菌和其他纤维菌最明显的特征之一。

（2）菌丝横隔。很大一部分霉菌的菌丝都具有横隔，只有少数没有横隔，如毛霉、根霉等。

（3）菌丝内呈现颗粒状。菌丝内因为含有原生质，所以在高倍显微镜下可以看见粒状或者斑点状的形态。

（4）菌丝分枝。如果菌丝达到一定的长度就会出现分枝，而且分枝的直径与主干基本一致。

（5）菌丝的顶端特征。菌丝的顶部呈钝圆形，而且不发生折射现象。

只要具备上述五条特征中的一条，则丝状菌丝就可以判定为霉菌菌丝。

（二）设备和材料

显微镜、郝氏计测玻片（具有标准计测室的特制玻片）、测微器（具有标准刻度的玻片）、折光仪、盖玻片、烧杯、玻璃棒。

（三）操作步骤

第一步，取定量待检样品，按照浓度为7.9%～8.8%进行调配，此时的折光指数为1.3447～1.3460。

第二步，校正显微镜的视野。将显微镜在放大倍数为90～125倍下进行视野调整，可见视野直径调为1.382mm。

第三步，洗干净的郝氏计测玻片上面用玻璃棒均匀涂抹待测液体，以备观察。

第四步，在显微镜下观察上述玻片，每一个检样观察50个视野，最好是经过两人观察再得出结果。

（四）结果与计算

（1）结果观察的统计方法。在已经调试好的标准视野下，观察视野中有无菌丝，如果有下列情况则视为阳性视野，否则则为阴性视野。

①有一根菌丝长度超过了标准视野的六分之一。

②有两根菌丝的总长度超过了标准视野的六分之一。

③有三根菌丝的总长度超过了标准视野的六分之一。

④一丛菌丝可视为一个完整的菌丝。

⑤标准视野下的所有菌丝长度综合超过了标准视野的六分之一。

（2）计算方法。根据上述观察中对所有视野的观察结果，计算阳性视野所占比例，并以阳性视野百分比数量完成报告。计算公式如下所示：

每件样品阳性视野（%）=（阳性视野数/观察视野数）×100

四、常见产毒霉菌的鉴定

（一）设备和材料

恒温培养箱：25～28℃。显微镜：10倍～100倍。目镜测微计；物镜测微计，冰箱，无菌接种罩，放大镜，滴瓶，接种针，分离针，载玻片，盖玻片，灭菌刀。

（二）培养基和试剂

（1）察氏培养基。

（2）马铃薯-葡萄糖琼脂培养基（PDA）。

（三）操作步骤

第一步，将纯种培养物点植在平板之上，然后将平板倒置过来，在上面再以点植方法点种一点或者三点，每个菌株接种两个平板。

第二步，倒置进行培养，25～28℃，直到有小菌落刚长出来。

第三步，取出一个刚长出小菌落的平板，在无菌条件下使用小刀取出一块1cm×2cm的菌落和培养基。

第四步，将取出的小块放在菌落一侧，继续培养5～14d并进行观察。

第五步，将霉菌纯培养物进行划线接种或者点种在斜面上，培养5～14d后观察菌落形态特征。

第六步，使用接种针取一小块霉菌培养物，在乳酸-苯酚液中使用分离针撕成小块，然后在玻片滴加乳酸-苯酚液压盖玻片进行制片。在此过程中，杜绝培养物进行涂抹操作，如果玻片中有气泡时，在接种罩里使用酒精灯加热消除。

第七步，镜检查计数。观察具有典型特征的真菌菌丝和孢子排列特征等，记录并计数。

第八步，完成报告。

第六章
各类食品的微生物检验

第一节　罐头食品的微生物检验

一、罐头食品中的微生物

罐头食品是速食食品行业最有代表性的一种产物。罐头食品在装罐前从原料到加工再到包装都经历了一系列严格的灭菌消毒流程，然后通过密封杀毒进行装罐，容器内的空气被抽空，形成真空状态。理论上，在罐头食品没有再次开封前不会再被污染，因为外界的微生物没有进入罐头内部的渠道，这也是罐头食品可以长期保存的基础所在。但是在罐头的一系列杀菌消毒环节仍然可能存在残留微生物，在生产和运输过程中也有可能发生罐体破坏的现象，空气中及环境的微生物得以进入罐体繁殖生长引起罐头的腐败变质，导致无法食用或者食用后中毒。

罐头食品由于微生物作用而造成的腐败变质，可分为嗜热芽孢细菌、中温芽孢细菌、不产芽孢细菌、酵母菌、霉菌等引起的腐败变质。

（一）嗜热芽孢细菌引起的腐败变质

发生这类变质的根本原因大多数是杀菌温度不够，通常发生三种主要类型的腐败变质现象。

1、平酸腐败

平酸腐败最常见的是在酸性食物罐头中，例如番茄罐头发生概率最高。平酸腐败的一个显著特征是变质的罐头外表正常，外观和外形无法看出罐头已经变质腐败，所以又称为平盖酸败。内部变质的罐头呈现出口感上的酸味，pH下降0.1～0.3。

导致平酸腐败的微生物一般称为平酸菌，最常见的有嗜热脂肪芽孢杆菌和凝结芽孢杆菌，而且大多数都是兼性厌氧菌。凝结芽孢杆菌也称为嗜热酸芽孢杆菌，可以适应最高54～60℃的生长温度，而且能在pH值4.0或酸性更低的强酸环境中生长，是肉类和蔬菜罐头腐败变质的常见菌落。另外一种嗜热脂肪芽孢杆菌能在高达49～55℃温度中继续繁殖生长，最高生长温度可达65℃，与凝结芽孢杆菌不同的是，在pH值接近5的酸性环境中就不能继续生长，一般在pH值6.8～7.2的环境中生长良好。

平酸腐败由于都是发生在封闭完好的罐头中，所以检测十分不方便。该菌在自然界中分布广泛，罐头中平酸致腐菌的主要来源是糖、面粉和一些调料及添加剂。

2、TA菌腐败

TA菌是不产硫化氢嗜热厌氧菌的缩写，不同于平酸腐败变质的外形不变，TA菌腐败经常伴随着胖听、罐头罐体膨胀破裂等现象。因为TA腐败菌在繁殖生长过程中既产酸也产生气体。

TA菌经常在中酸或者低酸罐头中生长繁殖，是一种可以分解糖类、有嗜热特性、产芽孢的厌氧菌。TA菌在新陈代谢活动中不产生硫化氢气体，但是会产生CO_2和H_2。这类菌在引起罐头腐败变质中，最多的是嗜热解糖梭状芽孢杆菌，该菌最适宜生长温度是55℃，当温度低于32℃时生长缓慢，引起的变质罐头通常伴有酸味。TA菌还有一个特性就是在琼脂培养基上不容易培养形成菌落，通常使用液体培养方法来检测，例如使用玉米、麦芽汁、肝、乙醇盐酸肉汤等液体培养基在55℃下进行培养，通过检测产生的气体和酸进行鉴定实验。

3、硫化物腐败

罐头的内壁或者食品上常会出现黑色的菌落并伴随着一定的臭味，这是由于硫化物腐败变质导致。硫化物腐败过程也会有气体产生，所以罐体会出现轻微膨胀，敲击罐体时伴随有浊音。导致硫化物腐败最常见的细菌为黑梭状芽孢杆菌，该菌的适宜生长温度是35～70℃，最佳生长温度是55℃，属于厌氧性嗜热芽孢杆菌，耐热性较差。在繁殖生长过程中，分解糖类的能力较弱，但是能够迅速分解含硫的氨基酸，生成硫化氢气体，所以该种菌类导致罐头的腐败变质开封时会发出一股臭鸡蛋的味道。该菌可以通过硫化亚铁培养基在55℃培养后进行检验，菌类特征为黑色斑点形态。硫化物腐败的针对对象多是豆类罐头、谷类罐头和鱼类罐头，谷类罐头腐败变质还会出现蓝色液体。

硫化物腐败变质一般是由于原材料被粪便或者污水污染过，而且消毒杀菌不彻底造成。

（二）中温芽孢细菌引起的腐败变质

中温芽孢细菌最适的生长温度是37℃，包括需氧芽孢细菌和厌氧芽孢细菌两大类。

多黏芽孢杆菌、浸麻芽孢杆菌等分解糖时除产酸外还有产气，所以产酸不产气的中温芽孢杆菌引起平酸腐败，而产酸产气的中温芽孢杆菌引起平酸腐败时有气体产生。

（三）不产芽孢细菌引起的腐败变质

不产芽孢细菌一般耐热性较低，罐头中如果发现不产芽孢细菌，通常是由于罐体漏气造成，当然本质上也是由于杀菌不彻底导致，比如杀菌温度过高等原因，冷却水也是引起不产芽孢细菌腐败变质的主要来源之一。

罐头腐败变质的不产芽孢细菌主要有两种：一种是肠道细胞，例如大肠杆菌等；另外一种是链球菌，包括嗜热链球菌、乳链球菌、粪链球菌等。这些不产芽孢细菌都会产生酸和气体，导致罐头膨胀。

（四）酵母菌引发的腐败变质

酵母菌污染的主要来源是蔗糖，该类腐败变质主要发生在酸性罐头中，主要菌类包括圆酵母、假死酵母和啤酒酵母等。[①]该类致腐菌一般情况下很容易被杀死，如果在罐头中检测出来，通常是由于漏气或者杀菌温度不够造成的。酵母菌引起的腐败变质主要见于果酱、果汁、水果、甜炼乳、糖浆等含糖量高的罐头。

（五）霉菌引起的腐败变质

霉菌是需氧性微生物，所以霉菌引起罐头腐败变质，只能说明罐头在生产包装环节罐头的真空度不够，造成罐头内部残存有较多气体，才造成了霉菌污染，也有可能是罐体出现破裂导致漏气所致。

霉菌变质最常见于酸性罐头，腐败变质后外观和形状没有较大变化，但是罐头内部已经腐烂，果胶物质也会变质，呈现出黏稠状产物。引起罐头腐败变质的霉菌主要有青霉、曲霉、柠檬酸霉属等，有耐热菌也有不耐热菌。例如，纯黄丝衣菌霉是一种有分解果胶能力的霉菌，它能形成子囊孢子，加热至85℃30min或加热至87.7℃10min仍然可以生存，在氧气充足条件下进行生长繁殖，生成物包括CO_2。

二、污染罐头食品的微生物来源

（一）杀菌不彻底致罐头内残留有微生物

在杀菌结束后还有残留微生物，主要由下列几个原因导致。

（1）罐头的密封结构存在缺陷。

（2）在碰撞过程中，密封结构遭到破坏。

（3）罐壁被腐蚀穿透。

（二）杀菌后发生漏罐

漏罐一经发生，就很容易发生微生物污染，其污染源如下。

1、冷却水

冷却水是重要的污染源，因为罐头经热处理后需通过冷却水冷却，冷却水中的微生物就有可能通过漏罐处进入罐内。杀菌后的罐头如发现有不

① 曾小兰．食品微生物及其检验技术 [M]. 北京：中国轻工业出版社，2010，第 91 页。

产芽孢的细菌，通常就是由于漏罐使得冷却水中细菌伺机进入引起的。

2、空气

空气中含有各种微生物，也是造成漏罐污染的污染源，但较次要；而且外界的一些耐热菌、酵母菌和霉菌很容易从漏气处进入罐头，引起罐头腐败。

3、内部微生物

漏罐后罐内氧含量升高，导致罐内各种微生物生长旺盛，其代谢过程使罐头内容物pH值下降，严重的会呈现感观变化。如平酸腐败就是由杀菌不足所残留的平酸菌造成的。

罐头食品微生物污染的最主要的原因就是杀菌不彻底和发生漏罐。所以，让罐头食品免受污染最有效的办法就是从这两个源头上进行控制。在保证罐头食用性和营养价值的前提下，应该最大限度地杀死罐头内的微生物，抽取空气要彻底，不能留下残留空气，以免给微生物繁殖生长提供必要的条件。罐头冷却要充分彻底，制备罐头使用的调味品和材料等必须经过严格的科学消毒灭菌处理。

三、罐头食品的无菌检验

罐头食品的商业无菌是指罐头经过适度的热处理之后，不再含有致病微生物，也不含有在常温下能够进行繁殖生长的非致病微生物，这种状态称之为商业无菌状态。商业无菌检验是在罐头食品商业基础上形成的一种标准检验程序。

（一）检测准备

观察待检罐头样品是否存在胖听、泄漏等现象。

胖听：由于罐头内部的微生物新陈代谢活动或者化学反应产生了一定的气体，使罐头内部压力增高，从而使包装罐产生凸起变形的一种现象，直观上是罐头包装变“胖”。

泄漏：罐头由于密封包装设计不合理或者在运输销售过程中发生碰撞引起了密封包装破损，还有可能是腐蚀性物质将密封包装腐蚀穿透，引起了微生物入侵的现象。

低酸性罐头食品：指的是杀菌处理后pH值维持在大于4.6的酸性范围，水分子活度大于0.85的罐头食品，主要是酸性水果罐头以及部分蔬菜罐头酸化的低酸性罐头。

酸性罐头食品：杀菌处理后pH值维持在小于4.6的酸性范围的罐头食品。

（二）仪器设备和培养基

1、仪器设备

除微生物实验室常规灭菌及培养设备外，其他设备和材料如下。恒温培养箱：（30±1）℃、（36±1）℃、（55 ±1）℃。冰箱：2~5℃。厌氧培养装置。天平：感量0.1g。均质器与配套均质袋。显微镜：10倍~100倍。pH计或pH比色管或精密pH试纸。水浴装置：（55±1）℃。开罐器和罐头打孔器。超净工作台或百级洁净实验室。

2、培养基和试剂

（1）无菌生理盐水。称取8.5g氯化钠溶于1000ml蒸馏水中，121℃高压灭菌15 min。

（2）结晶紫染色液。将1.0g结晶紫完全溶解于95%乙醇中，再与1%草酸铵溶液混合。将涂片在酒精灯火焰上固定，滴加结晶紫染液，染1min，水洗。

（3）二甲苯。

（4）含4%碘的乙醇溶液。称取4g碘溶于100ml的70%乙醇溶液。

（三）检验程序

商业无菌检验程序如图6-1所示。

（四）操作步骤

1、检验样品准备

第一步，表面标签去除，在罐体表面用防水油笔做好记号。

第二步，记录待检样品的特性，包括容器、泄漏情况、膨胀或者压缩等异常情况。

2、称重

精度要求：1kg及以下的称重需要精确到1g；1~10kg精确到2g；10kg以上精确到10g。

3、保温实验

第一步，取一个待检样品放置于冰箱中保存，该样品作为空白对照样品。冰箱温度2~5℃。

第二步，将同批次其余样品在（36±1）℃下保温放置10d。

第三步，保温期间每天进行观察记录。如果在保温过程中发现有膨胀变形等明显变化，应立即拿出开启进行下一步检验。当保温结束时，对所有保温观察处理的样品进行称重处理，如果质量变轻，则说明已经发生泄漏。

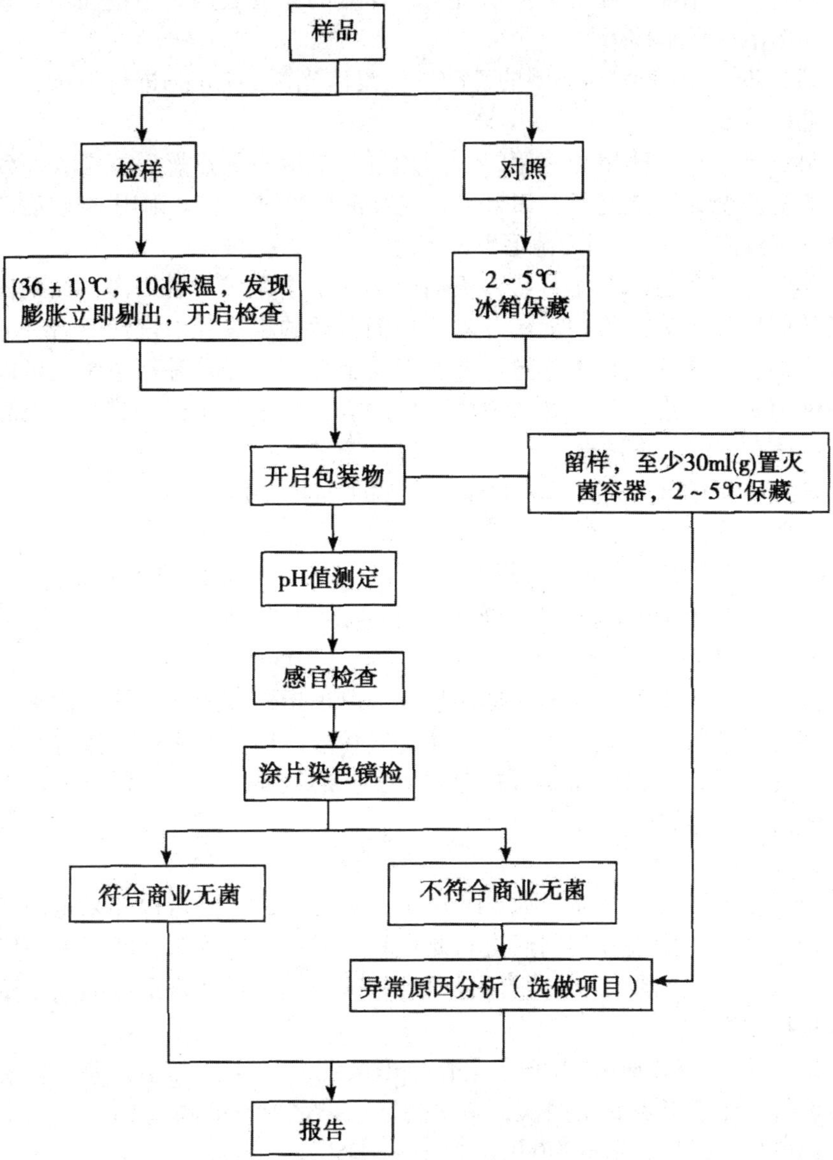

图6-1　商业无菌标准检验程序

4、开启

对于已经发生膨胀的样品，开启前先将样品放置于冰箱内冷藏若干小时，冷藏温度为2~5℃。

如果没有发生膨胀现象，则按照下列步骤开启。

第一步，用冷水和洗涤剂清洗待检样品的光滑表面，粗糙面不处理。并用无菌毛巾吸水擦干。

第二步，使用含有4%碘的乙醇溶液浸泡光滑面15min进行消毒，并用无菌毛巾擦干。

第三步，在密闭罩内将第二步处理过的光滑表面点燃，直至表面残留的可燃物质全部燃烧完毕。如果包装或者密封材料可燃，则用4%碘的乙醇溶液继续浸泡30min后用无菌毛巾擦干。

第四步，在超净工作台或百级洁净实验室中完成开启工作。如果样品带汤汁则应先摇匀。使用无菌开罐器在消毒后的罐头光滑表面开启一个大小适当的孔，在此过程中注意不要影响其余部位。如果是软包装，可以用灭菌剪刀进行开启工作。如果膨胀现象严重，为了防止开启时发生喷溅现象，应该在密闭罩中进行。

第五步，开启后，立即嗅闻开口上方的气味，并做记录。

5. 留样

开启工作完成后，使用灭菌后的适用工具取出30ml或者30g于灭菌容器中保存，以便需要时取出进行其余实验，保存温度是2～5℃。

6. 感官检查

在良好的实验室环境中，把样品放入白色搪瓷盘内进行感官检查。检查内容包括产品的组织、形态、色泽和气味等方面。用手指压按检验其硬度等物理特性，鉴定样品是否存在腐败变质的先兆。观察包装罐体内部和外部的情况，详细记录结果。

7. pH值测定

第一步，取待测样品。如果为液态，则混匀进行测定；如果是固态和液态混合样品，则搅拌均匀后进行测定；如果样品呈现黏稠状或者一般黏稠状（如果酱、油脂等），则通过研磨处理后调匀再加入适量的无菌蒸馏水再进行测定。

第二步，pH计或pH比色管或精密pH试纸进行pH值测定，要求精度为0.05。同一样品至少测定两次，两次测定结果之差不能超过0.1，取两次测量平均值报告，报告精度为0.01。

第三步，分析结果。与同批次中冷藏的空白对照样品进行比较，如果pH值相差0.5或者以上，则报告为存在显著差异。

8. 涂片染色镜检

（1）涂片制作。固态食品或者油脂性食品可以通过火焰进行协助固定，并做染色处理。

（2）染色镜检。检查数目至少为五个视野，检查内容包括菌落数目和菌落形态，比较与同批冷藏的空白对照物是否存在微生物明显增殖现象。明显增殖的判断标准是菌落数成长百倍或者百倍以上。

（五）结果判断

报告结果为商业无菌的情况，为样品经保温实验结束后并未出现泄漏。

报告结果为非商业无菌的情况，是样品经过上述所有实验检查后，确定有微生物明显增殖的现象发生。

如果报告结果需要详细的异常原因分析，则再取出留存的待检样品进行相关实验。

（六）异常原因分析

1、培养基和试剂

溴甲酚紫葡萄糖肉汤，庖肉培养基，营养琼脂，酸性肉汤，麦芽浸膏汤，沙氏葡萄糖琼脂，肝小牛肉琼脂，革兰氏染色液。

2、低酸性罐藏样品接种培养

第一步，取低酸性罐装样品1～2ml（g）共四份。

第二步，先将样品加热到100℃，然后迅速冷却至室温。

第三步，将上述处理后的样品接种于庖肉培养基内。

第四步，同样的方法继续接种四管溴甲酚紫葡萄糖肉汤。

两个培养基的培养条件见下表6-1所示。[①]

表6-1 低酸性罐藏食品接种的庖肉培养基和溴甲酚紫葡萄肉汤

培养基	管数	培养温度（℃）	培养时间（h）
庖肉培养基	2	36±1	96～120
庖肉培养基	2	55±1	24～72
溴甲酚紫葡萄糖肉汤	2	55±1	24～48
溴甲酚紫葡萄糖肉汤	2	36±1	96～120

第五步，按照表6-1所示的培养程序培养后，进行结果观察，如果没有微生物的增长，则记录后丢弃。

第六步，有微生物增长的培养基或者肉汤中，通过接种环取出液体进行涂处理，革兰氏染色后进行镜检。

如在溴甲酚紫葡萄糖肉汤中观察到不同的微生物形态或单一球菌、真菌形态，记录并丢弃。如在肉培养基中没有发现杆菌，培养物含有球菌、

① 王叔淳．食品卫生检验技术手册[M]. 北京：化学工业出版社，2002，第43页．

酵母、霉菌或其混合物，记录并丢弃。将生长在溴甲酚紫葡萄糖肉汤和肉培养基中的其他阳性管用两条小牛牛肉琼脂或营养琼脂平板接种，一个板进行有氧培养，另一个板是厌氧的。培养程序见图6–2。

第七步，挑取一个单一的需氧培养菌群并种植在营养琼脂斜面上。挑取在厌氧培养物中的单一菌落涂片，用革兰氏染色剂染色。挑取在需氧和厌氧培养物中的单个菌落，并接种到肉培养基中进行纯培养。

第八步，挑取营养琼脂小斜面和厌氧培养的庖肉培养基中的培养物涂片镜检。

第九步，将纯培养物中的需氧培养物接种小牛牛肉琼脂或营养琼脂平板，进行厌氧培养；将纯培养物中的厌氧培养物接种小牛牛肉琼脂或营养琼脂平板进行有氧培养，识别是否是兼性厌氧菌。

3、酸性罐藏食品的接种培养

第一步，取酸性罐装样品1～2ml（g）共四份。

第二步，先将样品加热到100℃，然后迅速冷却至室温。

第三步，将上述处理后的样品接种于酸性肉汤培养基内。

第四步，同样的方法继续接种两管麦芽浸膏汤。

两个培养基的培养条件见表6–2所示。

表6–2　酸性罐藏食品（pH值≤4.6）接种的酸性肉汤和麦芽浸膏汤

培养基	管数	培养温度（℃）	培养时间（h）
酸性肉汤	2	55 ± 1	48
酸性肉汤	2	30 ± 1	96
麦芽浸膏汤	2	30 ± 1	96

第五步，按照表6–2所示的培养程序培养后进行结果观察，如果没有微生物的增长，则记录后丢弃。

第六步，有微生物增长的培养基或者肉汤中，通过接种环取出液体进行涂处理，革兰氏染色后进行镜检。

第七步，如果微生物生长在酸性肉汤或麦芽提取物中，在30℃培养条件下进行，则用两种营养琼脂或葡萄糖酵母琼脂平板接种阳性管，一种用于需氧培养，另一种用于厌氧培养。

第八步，如果微生物生长在55℃的酸性肉汤中进行，则用两个营养琼脂平板接种阳性管，一个用于需氧培养，一个用于厌氧培养。平板显微镜生长显微镜检查，并报告显微镜检查显微镜型。检验程序如图6–2和图6–3所示。

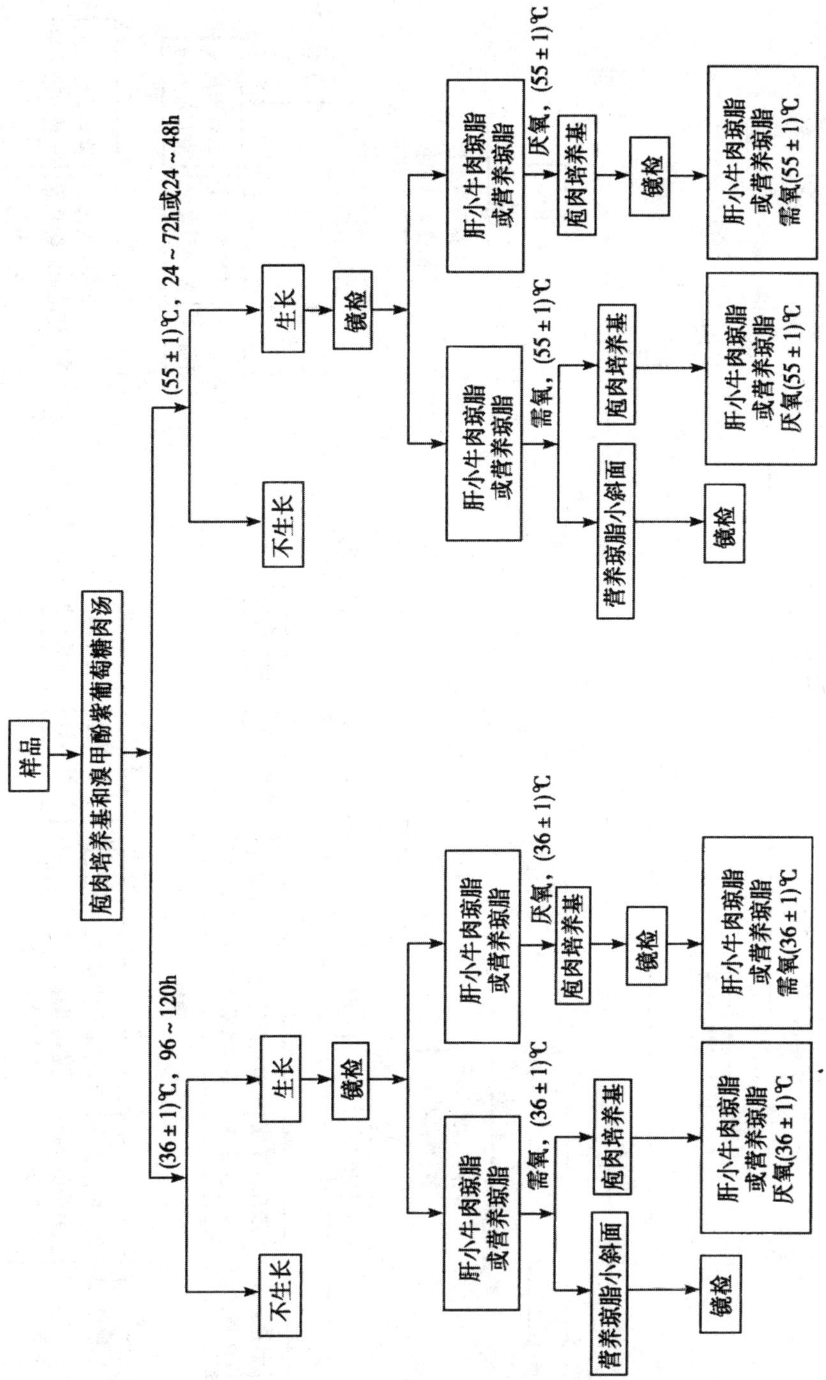

图6-2　低酸性罐藏食品接种培养程序

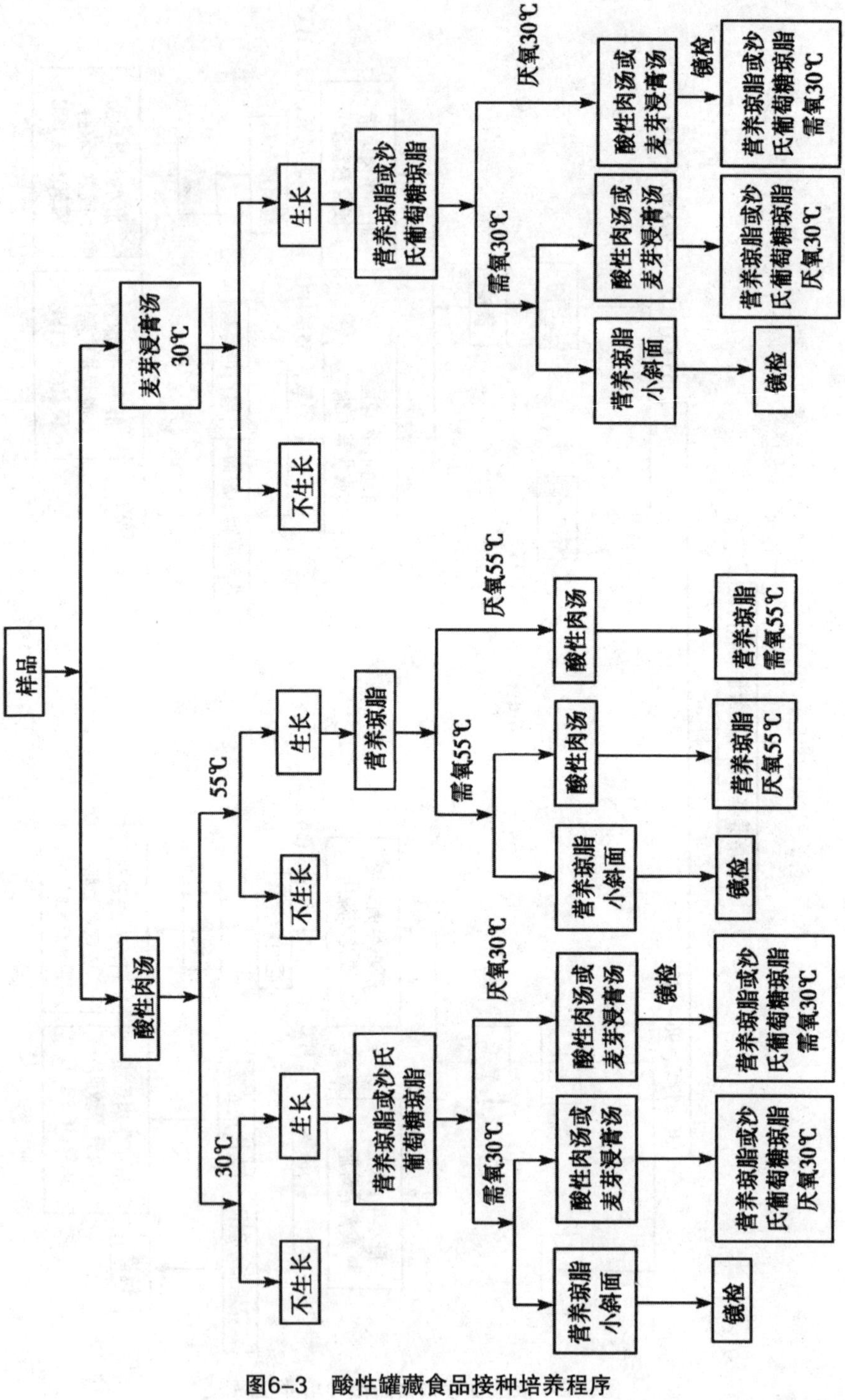

图6-3　酸性罐藏食品接种培养程序

第二节　食品中乳酸菌检验

一、生物学特征

乳酸菌的定义为：只要能够从葡萄糖或者乳糖发酵过程中产生了乳酸的细菌都可以称为乳酸菌，是对糖类发酵进一步产生主要产物乳酸的菌类的总称。乳酸菌没有芽孢，革兰式染色呈现阳性，数目庞大，总共包含18属200多余种。乳酸菌广泛存在于人体的肠道中，对人体的新陈代谢和生长活动有着极其重要的生理功能意义，已经被科学界证实和人体的身体健康长寿有着极其密切的联系。

二、乳酸菌功能

（1）对人体有益的菌类称为益生菌，如乳酸菌、双歧杆菌等。人体的肠道内有着数百种的菌落，数量多达百万亿之多，除了益生菌还有有害菌，如大肠杆菌产气荚膜梭状芽孢杆菌等。经过科学证明，人体肠道中乳酸菌的多少直接影响着人类生理功能的正常与否，直接影响了人类的健康状况和寿命维持长短。

（2）乳酸菌不但存在于人体之中，动物体内也存在着大量的乳酸菌。乳酸菌可以促进动物的肠胃和消化系统蠕动，促进其发育生长；还可以调整肠胃的菌群结构，增加有益菌落群，减少有害菌落群，维持整个肠道的菌落微生物平衡。乳酸菌还能够增强动物消化功能，提高免疫力，降低血清胆固醇等含量，控制体内毒素的产生。乳酸菌新陈代谢产生的有机酸和活性酶等物质可以刺激组织发育，提高动物的营养状况。

三、乳酸菌检测

（一）设备和材料

除微生物实验室常规灭菌及培养设备外，其他设备和材料如下。恒温培养箱：（36±1）℃。冰箱：2～5℃。天平：感量0.1g。均质器与配套均质袋。显微镜：10倍～100倍。无菌吸管：1ml（具0.01ml刻度）、10ml（具0.1ml刻度）或微量移液器及吸头。无菌锥形瓶：容量500ml、250ml。

无菌培养皿：直径90mm。pH计或pH比色管或精密pH试纸。无菌试管（18mm×180mm、15mm×100mm）。

（二）培养基和试剂

（1）MRS培养基及莫匹罗星锂盐改良MRS培养基。MRS培养基：蛋白胨10.0g，牛肉粉5.0g，酵母粉4.0g，葡萄糖20.0g，吐温801.0ml，磷酸氢二钾2.0g，乙酸钠5.0g，柠檬酸三铵2.0g，硫酸镁0.2g，硫酸锰0.05g，琼脂粉15.0g。将上述成分加入1000ml蒸馏水中，加热溶解，调节pH值，分装后121℃高压灭菌15~20min。

莫匹罗星锂盐改良MRS培养基：称取莫匹罗星锂盐50g，加入50ml蒸馏水中，用0.22 pdm微孔滤膜过滤除菌，制备莫匹罗星锂盐储备液。将MRS培养基的成分加入到950ml蒸馏水中，加热溶解，调节pH值，分装后于121℃高压灭菌15~20min。临用时加热熔化琼脂，在水中冷却至48℃，用带有0.22 pdm微孔滤膜的注射器将莫匹罗星锂盐储备液加入熔化琼脂中，使培养基中莫匹罗星锂盐的浓度为50g/ml。①

（2）MC培养基。大豆蛋白胨5g，牛肉膏粉3g，酵母膏粉3g，葡萄糖20g，乳糖20g，碳酸钙10g，琼脂15g，蒸馏水100ml，1%中性红溶液（pH值为6.0）5ml。②

将上述7种成分加入蒸馏水中，加热溶解，调节pH值，加入中性红溶液分装后121℃高压灭菌15~ 20min。

（3）0.5%的蔗糖发酵管。牛肉膏5g，蛋白胨5g，酵母膏5g，吐温800.5ml，琼脂1.5g，1.6%溴甲酚紫酒精溶液1.4ml，蒸馏水1000ml。按0.5%加入所需糖类，并分装小试管121℃高压灭菌15~20min。

（4）七叶苷发酵管。蛋白胨5.0g，磷酸氢二钾1.0g，七叶苷3.0g，柠檬酸0.5g，1.6%溴甲酚紫酒精溶液1.4ml，蒸馏水100ml。将上述成分加入蒸馏水中，加热溶解，121℃高压灭菌15~20min。

（5）革兰氏染色液。

①结晶紫染色液。结晶紫1.0g，草酸铵0.8g，95%酒精20ml，蒸馏水80ml。先将结晶紫溶于酒精，草酸铵溶于蒸馏水中，然后将两液混合，静置48h使用。此染液稳定，置密闭的棕色瓶中可储存数月。

②革兰氏碘液。碘1.0g，碘化钾2.0 g，蒸馏水300ml。先将碘与碘化钾

① 何国庆，张伟．食品微生物检验技术[M].北京：中国质检出版社，中国标准出版社，2013，第209页。

② 赵贵明．食品微生物实验室工作指南[M].北京：中国标准出版社，2005，第70页。

混合，加水少许，略加摇动，待碘完全溶解后再加蒸馏水至定量。

③沙黄复染剂。沙黄0.25g，95%乙醇10ml，蒸馏水适量。

将沙黄溶解于95%乙醇中，待完全溶解，再加蒸馏水至100ml。

④染色法。将涂片在酒精灯上固定，用草酸铵结晶紫染1min，自来水冲洗，加碘液覆盖涂面，染约1min后水洗，用吸水纸吸去水分，再加95%酒精数滴，并轻轻摇动进行脱色，20s后水洗，吸去水分。最后番红染色液染2min后，自来水冲洗。干燥，镜检。

⑤莫匹罗星锂盐。化学提纯。

（三）检验程序

乳酸菌检验程序见图6-4。

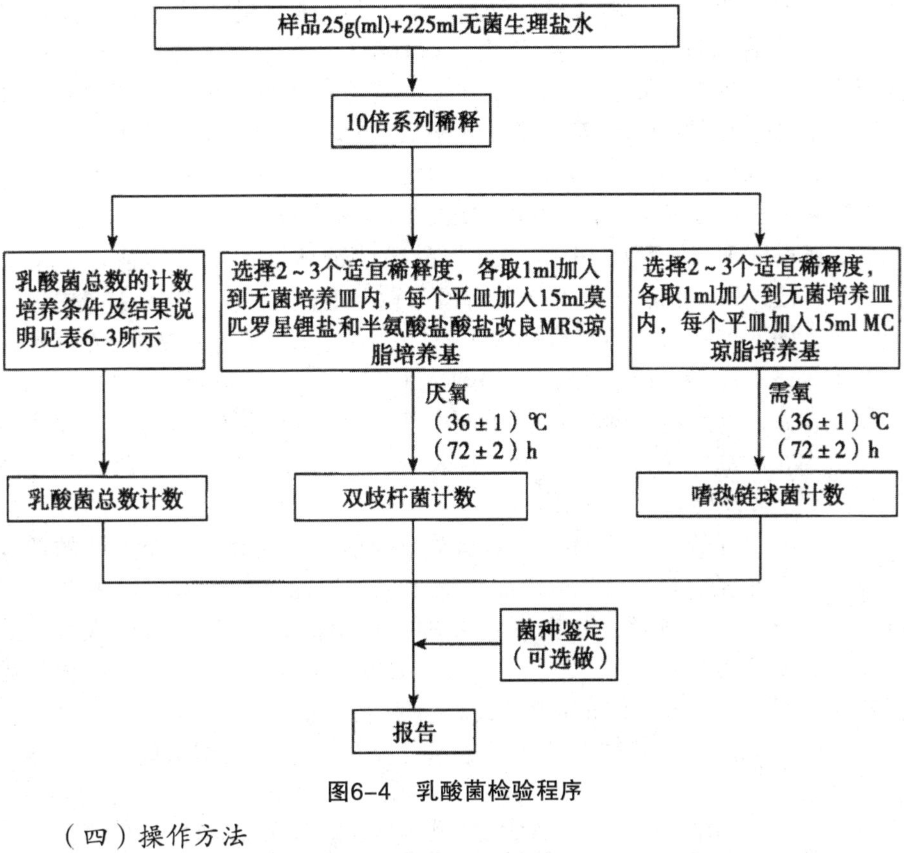

图6-4　乳酸菌检验程序

（四）操作方法

1、样品制备

第一步，取用25g或者25ml样品放入无菌质杯中，再加入225m生理盐水溶液。

第二步，以8000～10000r/min转速摇匀混合液1～2min，或者将混合液放在无菌均质袋中，适用拍击式均质器拍打1～2min，经过均质处理后呈现液态则停止均质，振荡均匀即可，如果仍然呈现液固混合状，则继续均质处理。

第三步，在无菌环境下，吸取1ml混合均匀的上述混合液，将其注入装有9ml灭菌生理盐水的试管中，制成1∶10的混合稀释液。

第四步，吸取1∶10的混合稀释液1ml再次注入到9ml的灭菌生理盐水试管中，混合均匀制成1∶100的混合稀释液。以此类推，制成1∶1000、1∶10000的均匀稀释液。在吸取过程中，每吸取一次则必须更换一次1ml灭菌吸管。

2、乳酸菌计数

①双歧杆菌计数。根据对待检样品双歧杆菌含量的估计，选择2～3个连续的适宜稀释度，每个稀释度吸取1ml样品匀液于灭菌平皿内，每个稀释度做两个平皿。稀释液移入平皿后，将冷却至48℃的莫匹罗星锂盐和半胱氨酸盐改良的MRS培养基倾注入平皿约15ml，转动平皿使混合均匀。（36±1）℃厌氧培养（72±2）h，培养后计数平板上的所有菌落数。从样品稀释到平板倾注要求在15 min内完成。

②嗜热链球菌计数。根据待检样品嗜热链球菌活菌数的估计，选择2～3个连续的适宜稀释度，每个稀释度吸取1ml样品匀液于灭菌平皿内，每个稀释度做两个平皿。稀释液移入平皿后，将冷却至48℃的MC培养基倾注入平皿约15 ml，转动平皿使混合均匀。（36±1）℃需氧培养（72+2）h，培养后计数。嗜热链球菌在MC琼脂平板上的菌落特征为：菌落中等偏小，边缘整齐光滑的红色菌落，直径（2+1）mm，菌落背面为粉红色。从样品稀释到平板倾注要求在15min内完成。

③乳杆菌计数。据待检样品活菌总数的估计，选择2～3个连续的适宜稀释度，每个稀释度吸取1ml样品匀液于灭平皿内，每个稀释度做两个平皿。稀释液移入平皿后，将冷却至48℃的MRS琼脂培养基，倾注入平皿约15 ml，转动平皿使混合均匀，（36±1）℃厌氧培养（72±2）h。从样品稀释到平板倾注，要求在15 min内完成。

④乳酸菌总数。乳酸菌总数计数培养条件的选择及结果说明如表 6-3所示。

表6-3　乳酸菌总数计数培养条件的选择及结果说明

样品中所包括乳酸菌菌属	培养条件的选择及结果说明
仅包括双歧杆菌属	按GB4789.34的规定执行
仅包括乳杆菌属	按照③操作。结果即为乳杆菌属总数

续表6-3

样品中所包括乳酸菌菌属	培养条件的选择及结果说明
仅包括嗜热链球菌	按照②操作。结果即为嗜热链球菌总数
同时包括双歧杆菌属和乳杆菌属	1.按照③操作。结果即为乳酸菌总数； 2.如需单独计数双歧杆菌属数目，按照①操作
同时包括双歧杆菌属和嗜热链球菌	1.按照①和②操作，二者结果之和即为乳酸菌总数，同时包括双歧杆菌属和嗜热链球菌； 2.如需单独计数双歧杆菌属数目，按照①操作
同时包括乳杆菌属和嗜热链球菌	1.按照②和③操作，二者结果之和即为乳酸菌总数； 2.结果为嗜热链球菌总数； 3.结果为乳杆菌属总数
同时包括双歧杆菌属、乳杆菌属和嗜热链球菌	1.按照②和③操作，二者结果之和即为乳酸菌总数； 2.如需单独计数双歧杆菌属数目，按照①操作

3、菌落计数

通过肉眼观察，必要时可以借助放大镜或菌落计数器，记录稀释倍数和相应的菌落数量。

（1）如果所有的培养平板中只有一个稀释度平板的菌落数在30～300CFU范围内，并且具有典型菌落，则以该稀释度平板上的典型菌落为计数标准。

（2）如果最低稀释度平板的菌落数小于30CFU，并且具有典型菌落，则以该稀释度平板上的典型菌落为计数标准。

（3）如果某一稀释度平板的菌落数大于300CFU，并且具有典型菌落特征，则对稀释度最高的平板进行计数，其他平板可记录结果为多不可计。

（4）若有两个连续稀释度的平板菌落数在30～300CFU计数范围内时，按下式计算：

$$N=\sum C\Big/(\mathrm{n}_1+0.1\mathrm{n}_2)d$$

式中：N——样品中所包含的菌落总数；

$\sum C$——平板（含适宜范围菌落数的平板）菌落数总数；

n_1——第一稀释度（低稀释倍数）平板的个数总数；

n_2——第二稀释度（高稀释倍数）平板的个数总数；

d——稀释因子（第一稀释度）。

4、结果与报告

①如果菌落数在100以内时，则按四舍五入的原则报告，结果最后采用两位有效数字。

②菌落数≥100时，前三位数字采用四舍五入原则进行报告，取前两位有效数字，后面的数字为0，也可以用指数形式报告。

③如果是称重取样检验，则以CFU/g为单位报告。如果是以体积取样进行检验，则以CFU/ml为单位报告。

第三节 鲜乳中抗生素残留量检验

一、鲜乳中的抗生素

鲜乳中抗生素残留量的检验应属于理化检验的范畴，但鉴于此方法是采用微生物手段，国标中也把此检验放入微生物学部分。[①]在 GB/T 4789.27-2008 中给出了两种检测方法，第一法适用于鲜乳中能抑制嗜热链球菌的抗生素的检验；第二法适用于鲜乳中能抑制嗜热脂肪芽孢杆菌卡利德变种的抗生素的检验，也可用于复原乳、消毒灭菌乳、乳粉中抗生素的检测。

二、鲜乳中抗生素残留量的检验

（一）嗜热链球菌抑制法

1、设备和材料

除微生物实验室常规灭菌及培养设备外，其他设备和材料有：恒温培养箱：（36±1）℃。冰箱：2~5℃。天平：感量0.1g。均质器与配套均质袋。显微镜：10倍~100倍。无菌吸管：1ml（具0.01ml刻度）、10ml（具0.1ml刻度）或微量移液器及吸头。无菌试管（18mm×180mm）。旋涡混匀器。菌种（嗜热链球菌）。灭菌脱脂乳。4U/02，3，5-氯化三苯四氮唑（rrc）水溶液。青霉素G参照溶液。

2、检验程序

鲜乳中抗生素残留量检验程序如图6-5所示。

① 徐华敏．生鲜乳中抗生素残留的检测 [J]. 食品工程，2013，（3）：45-46.

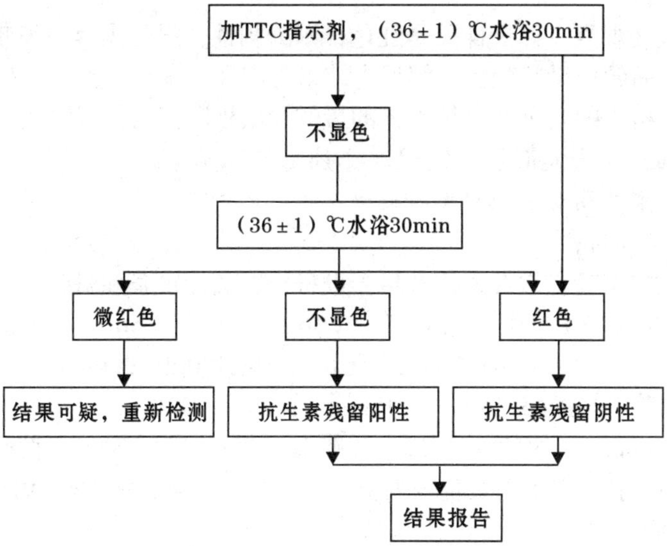

图6-5　鲜乳中抗生素残留量检测程序

3、操作步骤

第一步，接种环取嗜热链球菌菌种1ml，通过划线接种方法接种于9ml灭菌脱脂乳中。

第二步，在恒温（36±1）℃培养12～15h。

第三步，2～5℃冰箱保存备用，每15d进行一次转种。

第三步，将上述活化后的嗜热链球菌菌种接种灭菌脱脂乳，（36±1）℃培养（15±1）h。

第四步，将第三步中增菌后的悬菌液加入相同体积的灭菌脱脂乳，混匀稀释成为待测悬菌液。

第五步，吸取待检悬菌液9ml于试管中。另外增加阴性阳性对照各一份，阳性对照物为9ml青霉素G参照溶液，阴性为9ml霉菌脱脂乳。

第六步，将第五步中的混合液（80±2）℃水浴加热5min，冷却至37℃以下。

第七步，在上述所有试管中加入1ml待检悬菌液，旋转试管摇晃均匀。

第八步，（36 +1）℃水浴2h，加入4%TTC水溶液0.3ml混合均匀。

第九步，（36±1）℃水浴避光30min，观察颜色是否发生变化，如果还没有变化，继续避光30min。观察速度要快，避免阳光照射时间过长。

4、判断

在白色背景下观察。如果样品中含有抗生素，则结果为阳性，试管中的样品颜色呈乳原色；如果样品中呈现红色，则为阴性结果。

5、报告

经过最终观察，如果样品是红色，则为阴性，报告内容为发现抗生素存在。如果样品颜色没有变化，则报告结果为阳性，没有检测出抗生素存在。

可能会检出的几种常见抗生素的最低检出极限值为：青霉素0.004μg/L，链霉素0.5μg/L，庆大霉素0. 4μg/L，卡那霉素5μg/L。

（二）嗜热脂肪芽孢杆菌抑制法

1、设备和材料

除微生物实验室常规灭菌及培养设备外，其他设备和材料如下。冰箱：2～5℃、-20～-5℃。恒温培养箱：（36±1）℃、（56±1）℃。恒温水浴锅：（65 ±2）℃、（80±2）℃。无菌吸管或100μl、200μl微量移液器及吸头。无菌试管：18mm×180mm、15mm×100mm。温度计：0～10℃。离心机（转速5000r/min）。菌种：嗜热脂肪芽孢杆菌卡利德变种。无菌磷酸盐缓冲液，灭菌脱脂乳。溴甲酚紫葡萄糖蛋白胨培养基。青霉素G参照溶液。

2、检验程序

样品中抗生素残留量检验程序如图6–6所示。

3、操作步骤

第一步，接种环取嗜热链球菌嗜热脂肪芽孢杆菌菌种，通过划线接种方法，接种于营养琼脂平板表面。

第二步，在恒温（56±1）℃培养24h。

第三步，挑取乳白色半透明圆形特征菌落，再次通过划线接种方法，接种于营养琼脂平板表面。

第四步，继续培养（56±1）℃24h后，转入（36±1）℃培养3～4d。

第五步，每块平板使用1～3ml无菌磷酸盐缓冲液洗培养基表面附着的菌落，洗脱液5000r/min离心15min。

第六步，取沉淀物加入0.03mol/L的无菌磷酸盐缓冲液制成芽孢悬液。

第七步，将第六步制得的菌悬液（80±2）℃恒温水浴10min，密封，2～5℃冰箱保存留用。

第八步，将芽孢悬液加入溴甲酚紫葡萄糖蛋白胨培养基混合均匀调配浓度为$8\times10^5\sim2\times10^6$CFU/ml，以200μl分装小试管，密封。

第九步，吸取第八步制液100μl，加入含有芽孢的测试培养基混合均匀。除了待检样品做两份，需要另外加入阴性和阳性对照各一份。阳性对照管为100μl青霉素G参照溶液，阴性对照管为100μl无抗生素的脱脂乳。

第十步，将第九步制得的待检样品（65±2）℃水浴2.5h，如果观察结果不明显，继续水浴30min。

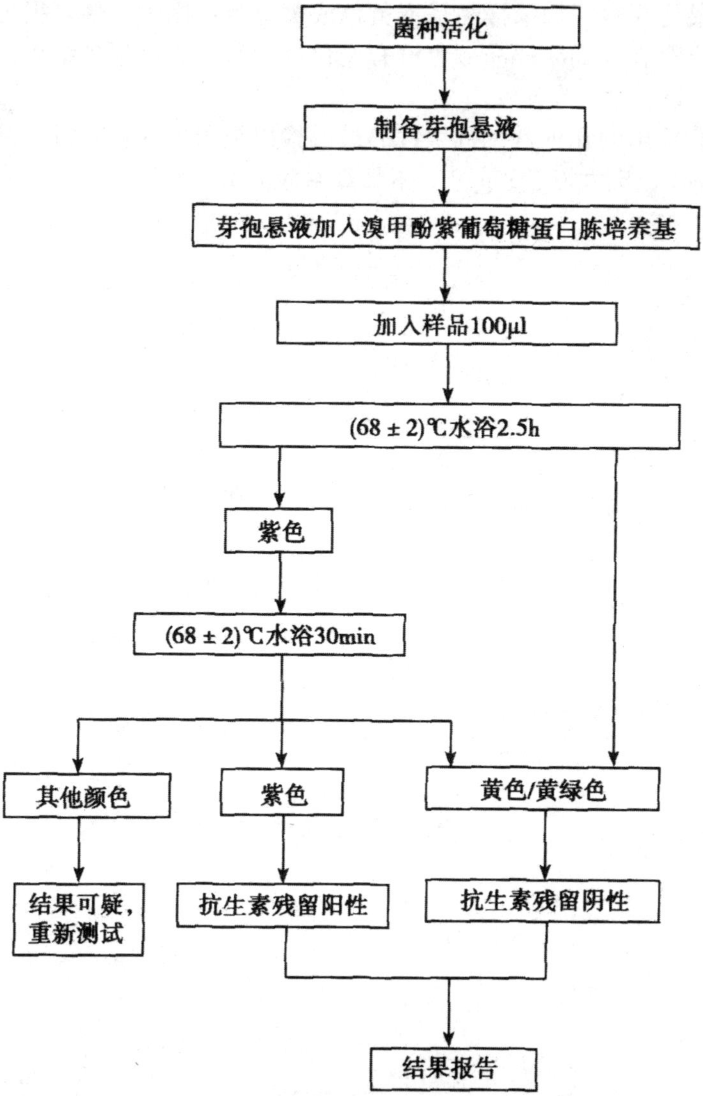

图6-6　鲜乳中抗生素残留量检验程序

4、判断

在白色背景下观察。如果样品中含有抗生素，则结果为阳性，试管中的样品颜色仍然保持原色；如果样品呈黄色或黄绿色，则为阴性结果。如果结果不明显，继续水浴培养30min。如果培养基颜色呈现黄色和紫色之间，表示抗生素浓度接近方法的最低检出限，建议重新检测一次。

5、报告

经过最终观察，如果样品是橙黄色或黄绿色，则为阴性，报告内容为发现抗生素存在。如果样品颜色没有变化保留紫色，则报告结果为阳性，没有检测出抗生素存在。

可能会检出的几种常见抗生素的最低检出极限值为：青霉素30μg/L，链霉素50μg/L，庆大霉素30μg/L，卡那霉素50μg/L。

第七章
现代食品微生物检验新进展

随着科学技术的快速发展，食品微生物检测领域涌现出许多新技术、新方法，融合了微生物学、生物化学、分子生物学、免疫学、生物物理学、计算机技术等学科知识，与传统方法相比，其更加简便、快速、准确。根据其原理和方法的不同可以分为：免疫学方法、分子生物学方法、电化学方法、仪器分析法。

第一节　现代免疫检测技术检测食品中微生物

一、酶免疫技术

酶免疫技术（EIA）是将抗原、抗体的特异性免疫反应和酶的高效催化作用有机结合起来的一种免疫分析方法。和其他免疫技术一样，酶联免疫技术也是以抗原和抗体的特异性结合为基础，其差别在于酶联免疫技术以酶或者辅酶标记抗原或抗体，用酶促反应的放大作用来显示初级免疫学反应，使检测水平接近放射免疫测定法。酶联免疫测定法可分为非均相免疫测定法和均相免疫测定法，非均相法又分为固相法和液相法。具体的方法有酶联免疫吸附分析法（ELISA）、酶免疫实验法（EMIT）、竞争结合酶免疫分析法（CEIA）和免疫酶分析法（IE-MA）。其中，基于竞争吸附的非均相酶固相免疫测定法，即ELISE法，已经成为最广泛、最有代表性的方法。

在微生物检测中多采用夹心式设计，即用抗体包被的聚苯乙烯孔捕获抗原，用另一个结合了酶的抗体与抗原结合，并以抗原结合形式形成抗原抗体复合物，再用一种生色酶底物通过肉眼观察或比色法记录结果。随着单克隆抗体酶联免疫技术的出现，免疫检测法的特异性有了明显的提高。[①] 此外还有间接法用于测定抗体，竞争法既可以测定抗原也可以测定抗体。

钟青萍等研究双抗夹心ELISA方法在食品中志贺氏菌检测中的应用，研究获得纯化抗志贺氏菌IgY，经检测10mg/ml纯化抗志贺氏菌IgY的效价为1：320；以志贺氏菌免疫新西兰大耳白兔，获得抗志贺氏菌的兔抗体，效价可达1：1800。李国等研究了文蛤副溶血弧菌间接ELISA检测技术，其最低检测极限为1×105CFU/mol，患病文蛤内脏团中副溶血弧菌的检出率为

① 罗宏伟. 检验工作中免疫检验的影响因素及质量控制方法[J]. 中国卫生产业，2015，(3)：9-10.

80%，无病症带菌文蛤中检出率为15%，海水中副溶血弧菌的浓度低于最低检测极限。

二、免疫胶体金技术

免疫胶体金技术（Immune colloidal gold technique，GICT）是指利用胶体金作为标记物，用于指示体外抗体间发生的特异性结合反应，是免疫标记技术之一。胶体金引入免疫检测，最初主要应用于免疫组化染色实验，需要借助光学显微镜或电子显微镜来观察实验结果。经过多年的发展，胶体金技术逐渐得到完善和发展。目前此项技术已经广泛应用于免疫印迹、免疫渗滤及免疫层析技术当中，实验结果也可以用肉眼观察到。

（一）免疫胶体金技术的基本原理

氯乙酸（$HAuCl_4$）在还原剂的作用下，可以聚集成一定大小的金颗粒，形成带负电荷的疏水胶溶液。由于静电相互作用而成为稳定的胶体状态，即胶态金。由于静电吸附，胶体金颗粒表面的负电荷与蛋白质的正电荷基团形成强键。蛋白质上的胶体金具有很强的吸附功能，蛋白质等聚合物吸附在胶体金粒子表面，无共价键的形成，标志着大分子材料的活性不变。 金颗粒具有高电子密度特性。金蛋白在相应的配体中大量聚集，在显微镜下可以看到深棕色颗粒或可见的红色或粉红色斑点。①

（二）免疫胶体金技术在食品检测中的应用

免疫胶体金标记技术由于标记物的制备简便，方法敏感、特异，不需要使用放射性同位素或有潜在致癌物质的酶显色底物，也不需要荧光显微镜，所以它的应用范围极广。在免疫电镜技术当中，胶体金是用于免疫电镜的最佳标记物，因为它呈球形，非常致密，在电镜下具有强烈反差，容易追踪在电镜下检出抗原抗体复合物。胶体免疫电镜技术已经成为目前最常用的免疫细胞化学方法之一。夏诗琪等采用胶体金标记抗沙门氏菌单克隆抗体，研制能联检甲型副伤寒沙门氏菌等 5 种典型沙门氏菌的胶体金免疫层析试纸条。结果表明，该试纸条能达到同时检测 5 种沙门氏菌的目的，其中甲型副伤寒沙门氏菌的检测灵敏度最高，为 105CFU/ml；鼠伤寒沙门氏菌、猪霍乱沙门氏菌、肠炎沙门氏菌和鸭沙门氏菌的检测灵敏度为 106CFU/ml。

① 陈俊彦，肖琼等 . 免疫胶金体技术的应用与展望 [J]. 化学分析计算，2014，（1）：59-60.

第二节　分子生物学技术检测食品中微生物

分子生物学技术是随着生命科学和化学逐步发展而成的一种新型技术。在微生物检验中，针对常规方法仅能测定活菌总数，对一些特定病原菌或污染菌无法实现定性和定量检测这一局限性；分子生物学的方法可以对病原微生物的核酸分子特征进行鉴定，在分子水平上分析微生物的线性结构来判定微生物的种类，是一种较为高端前沿的微生物检验技术。在食品微生物检测中，常用的方法有核酸分子杂交技术、PCR技术、基因芯片技术、聚合酶链反应、环介导等温扩增技术等。

一、核酸分子杂交技术

核酸分子杂交技术又名核酸探针技术或基因探针技术，是在基因工程学基础上发展而来的一项新技术，其优点是灵敏度高、特异性强、方法简便。自20世纪70年代问世以来，已经在食品微生物检测、基因工程及医学等领域得到广泛的应用。所谓探针，即带有标记物的已知特异性的分子，它与靶反应后能够被检测到。而核酸探针是指带有标记的特异DNA片段。

（一）核酸分子杂交技术的基本原理

因不同种属的生物体都含有相对稳定的DNA遗传序列，不同种的生物体中DNA序列不同，同种属生物个体中DNA序列基本相同，并且DNA序列不易受外界环境因素的影响而改变。核酸分子杂交技术的基本原理是两条不同来源的核酸链，如果具有互补的碱基序列，就能够特异性地结合而成为分子杂交链。核酸分子杂交发生于两条DNA单链者称为DNA杂交，发生于RNA链与DNA单链之间者称为DNA：RNA杂交。据此，可在已知的DNA或RNA片段上加上可识别的标记（如同位素标记、生物素标记等），使之成为探针，用以检测未知样品中是否具有与其相同的序列，并进一步判定其与已知序列的同源程度。该项技术除了具有上述基本优点外，还兼具组织化学染色的可见性和定位性，从而能够特异性地显示微生物细胞的DNA或RNA；从分子水平去研究特定微生物有机体之间是否存在亲缘关系，并可揭示核酸片段中某一特定基因的位置。

（二）核酸探针的种类制备方法

核酸分子探针根据其来源及性质可以分成四种类型：基因组DNA探

针、CDNA探针、RNA探针和人工合成的寡核苷酸探针，其制备方法也因类而异。

（1）DNA探针，可分为基因探针和基因片段探针。全基因组基因探针的制备最简单，只要将染色体DNA分离纯化，然后进行标记即可。基因片段探针则需要将染色体DNA用限制性内切酶酶解，得到许多随机片段，然后与质粒重组，转化大肠杆菌，筛选含特异目的基因片段的克隆株进行扩增，再提取基因片段作探针。[①]

（2）CDNA探针。CDNA探针的制取过程首先提取高纯度对应的mRNA，经过反录变成CDNA探针，正链RNA病毒的RNA也可以完成此过程。另外一种途径是通过克隆大肠杆菌再依托无性繁殖技术，从重组质离中进行提取工作。

（3）RNA探针。RNA探针的灵敏度高于相应的CDNA探针，原因是RNA:RNA复合物的稳定性要优于DNA:DNA。双链RNA病毒的基因在使用特殊手段标记后，可以直接作为探针使用。

（4）人工合成的寡核苷酸探针。合成设备为DNA合成仪，合成原理是先通过合成的任意序列的寡核苷酸片段作为探针，然后释放包含有探针系列的单链DNA，简化了探针的制备过程。

（三）核酸分子杂交技术在食品微生物检测中的应用

核酸分子杂交技术经常在下列领域使用。

（1）用于检测如肠毒素基因之类的特殊抗原检测，这些抗原通常具有无法培养、缺乏诊断抗原、不能进行生化鉴定而且微生物产物无法观察的特点。

（2）判断食品是否被抗药性菌株污染。

（3）检测细菌体内所包含的抗病毒基因。

（4）用于检验同食源性的感染病毒，例如肝炎病毒，区分有毒和无毒菌株等领域。

（5）细菌分型技术，包括rRNA分型等。

随着食品微生物检测技术的发展，核酸分子杂交技术已被更加频繁地应用到大肠杆菌、沙门氏菌、金黄色葡萄球菌等食源性病菌的检测中来，其特点是安全，因为没有反射性的同时又兼顾有特异性和敏感性。另外，该技术不需要进行复杂烦琐的增菌、分离等步骤，节省了时间和人力。在检测过程中因为降低了由质粒决定的毒力丧失的概率，所以检测的准确性更高。

---

① 张素格，孙红霞等 .DNA G– 四链体识别探针研究进展 [J]. 化学通报，2016，（5）：22–23.

二、PCR技术

PCR（Polymerase chain reaction，PCR）即聚合酶链式反应。该反应发生的基本要素有两个，第一是必须以母链为模板，第二是必须有DNA聚合酶进行催化。具备两个基本条件后，再以特定引物识别反应的起点，再通过变性、退火、延伸等步骤进行体外复制，完成与母链DNA成互补的子链DNA是一种体外酶促合成，扩增特定DNA片段的方法。该技术由美国PE-cetus公司人类遗传研究室的凯利·穆利斯（Kary Mullis）等人于1985年发明，随着热稳定性TaqDNA聚合酶的发现和应用及自动化热循环仪的设计成功，PCR技术的操作程序大大简化，PCR技术迅速广泛地应用于基因研究的各个领域。

（一）PCR技术的基本原理

以拟扩增的DNA分子为模板，以一对分别与模板相互补的寡核苷酸片段为引物，在DNA聚合酶的作用下，按照半保留复制的机制，沿着模板链延伸，直至完成新的DNA合成。[①]不断重复这一过程，可使目的DNA片段得到扩增。因为新合成的DNA也可作为模板，因而PCR可使DNA的合成量呈指数增长，如图7-1。PCR包括7种基本成分：模板、特异性引物、热稳定DNA聚合酶、脱氧核苷三磷酸、二价阳离子、缓冲液及一价阳离子。

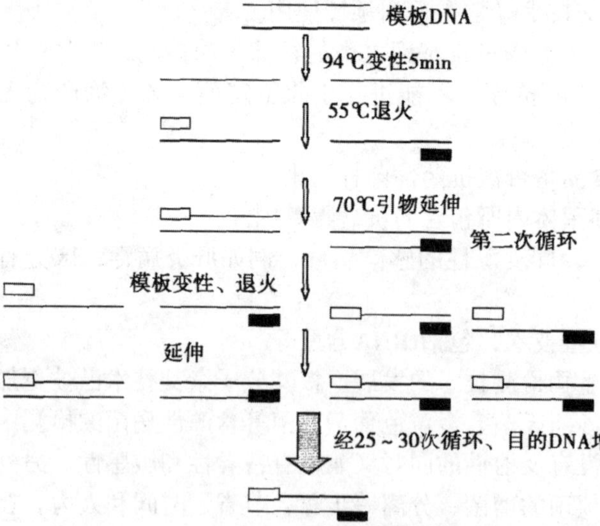

图7-1　PCR技术原理

① 程海星，郭月英等.实时荧光定量PCR技术原理及在食品检测中的引用[J].食品与发酵工业，2015，（3）：11-13.

（二）PCR反应基本的步骤

PCR由变性、退火、延伸三个最基本也是最重要的反应步骤构成。

第一步，变性。变性本质上是模板原有的DNA双链互相脱落的过程，脱落后的DNA单链才会与新的引物重新结合，为第二步的进行做好准备。经常使用到的变性手段是PCR扩增，模板DNA加热到94℃左右的时间内发生。

第二步，退火，也称为复性。温度从94℃降至55℃左右后，模板和引物DNA 二者的单链进行互补配对结合，完成退火。

第三步，延伸。第二步退火步骤的产物在Taq酶的作用下，合成一条新的与模板DNA链互补的半保留复制链。该步能进行的前提有两个，一个是反应原料dNTP，另外一个是以目标序列为模板，按照碱基配对以及半保留复制原则。

在引物控制反应的开始和结束下，PCR技术通过反复的变性、退火、延伸三个基本步骤，就可以不断获得各种目标半保留复制链，最后获得想要的目标基因序列。

（三）PCR的种类

随着PCR技术的不断发展，在常规PCR技术的基础上又衍生出了许多技术，如多重PCR（mutiplex PCR）技术、实时荧光定量PCR（real-time PCR）技术、单分子PCR技术。

（1）多重PCR技术，也称为复合PCR技术，是在常规PCR技术的基础上进行改进发展而来的一种新型的PCR扩增技术。

（2）实时荧光定量PCR。这种类型的PCR技术核心原理是通过荧光基团来检测PCR的全程进展。借助于荧光基团的植入和跟踪检测PCR反应进程，最后通过已知的标准曲线，对模板的基因序列进行定量分析。

（3）巢式PCR是一种PCR改良模式，它由两轮PCR扩增和利用两套引物对所组成。首先对靶DNA进行第一次扩增，然后从第一反应产物中取出少量作为反应模板进行第二次扩增；第二次PCR引物与第一次反应产物的序列互补，第二次PCR扩增的产物即为反应产物。使用巢式引物进行连续多轮扩增可以提高特异性和灵敏度，第一轮是15～30个循环的标准扩增，将一小部分起始扩增产物稀释100～1000倍（或不稀释），加入到第二轮扩增中进行15～30个循环，也可通过凝胶纯化将起始扩增产物进行大小选择。

（四）PCR技术在食品微生物检测中的应用

1、食品中金黄色葡萄球菌的检测

利用PCR技术对食品中金黄色葡萄球菌检测时，选取的靶基主要为各型肠毒素的基因，但是肠毒素分型较多，给实际的检测工作带来诸多不便。而利用耐热核酸酶（Tnase）的基因Nuc作为靶基因进行PCR检测更为适宜。耐热核酸酶（Tnase）为产毒金黄色葡萄球菌的典型特征，该酶非常耐热，在100℃加热30min不易丧失活性。而编码耐热核酸酶的基因犹为金黄色葡萄球菌所特有的并且是高度保守的基因，因而以耐热核酸酶的基因Nuc为靶序列是进行PCR检测金黄色葡萄球菌的有效方法。

2、对食品中沙门氏菌的检测

对沙门氏菌的检测目前常用的方法有常规PCR、巢式PCR和多重PCR；也可以将几种方法结合使用，如李文君等将常规PCR和巢式PCR相结合，根据沙门氏菌中保守的165rRNA基因为模板设计了一对引物，扩增的片段为555bp。经过优化设计反应条件，只对沙门氏菌产生特异扩增，敏感性达30CFU。为了鉴定扩增结果，又在这两条引物之间设计一条半巢式引物。经半巢式PCR检测证明第一次产物是正确的，且灵敏度提高至3CFU。此外，从近几年的报道来看，关于沙门氏菌PCR的检测主要集中在模板的制备、引物的设计以及PCR的检测方法这几个方面。

三、环介导等温扩增技术（LAMP）

核酸扩增技术是分子生物学中常用的技术手段，从20世纪80年代出现的聚合酶链反应（PCR）到后来的核酸等温扩增技术、再生式序列复制和链置换扩增技术等以核酸检测为基础的分子生物学技术，在许多领域得到广泛的应用。但核酸检测需要昂贵的仪器设备，存在特异性不高、操作程序复杂等问题，都严重制约了其作为快速检测方法的应用。2000年，日本荣研株式会社的Tsugunori Notomi开发了一种新型的核酸等温扩增方法，即介导等温扩增技术，其特点是在等温的条件下即可高效、快速、高特异、高灵敏地扩增靶序列，解决了基于核酸的分子生物学检测技术的诸多难题，使其作为快速检测方法成为可能。

LAMP等温扩增反应体系包含了引物、模板DNA、Bst DNA聚合酶、dNTPs和缓冲液。其基本操作过程是将LAMP反应体系（除Bst DNA聚合酶外）在95℃加热5min后冷却，再加入Bst DNA聚合酶，在65℃保温60min，然后在高于80℃的温度下加温10min终止反应。LAMP的反应体系一般为25μl，外引物的浓度一般是内引物的1/10～1/4。

四、基因芯片技术

20世纪80年代末基因芯片（gene chip）技术应运而生，它利用微电子、微机械、生物化学、分子生物学、新型材料、计算机和统计学等多学科的先进技术，实现了在生命科学研究中样品处理、检测和分析过程的连续化、集成化和微型化。

基因芯片技术是指大量样品分子的杂交，通常标记为每分子百分点超过400μm的晶格密度在支持体上，并通过检测杂交的强度来获得样品分子的数量、每个探针分子的信号和序列信息。由于同时探针数量大，可以同时检测和分析大量探针，这可以解决传统核酸印迹杂交技术复杂、自动化程度低，操作次数少，检测效率低的问题。此外，通过设计不同的探针阵列，使用特定的分析方法，可以使该技术具有多种不同的应用价值，如基因表达谱、现实检测、多态性分析、基因组文库绘图和杂交测序等。

（一）基因芯片的类型

基因芯片技术按照应用范围的不同可以分为表达谱芯片和检测芯片，其中检测芯片又可分为生物群落鉴定芯片、种类鉴定芯片、功能基因检测芯片等；按照固定探针来源的不同，可以分为PCR产物芯片和寡核苷酸芯片。随着芯片技术在其他生命科学领域的延伸，基因芯片概念已泛化到生物芯片，包括基因芯片、蛋白质芯片、糖芯片、细胞芯片、流式芯片、组织芯片和芯片实验室等；芯片基片可用材料有玻片、硅片、瓷片、聚丙烯膜、硝酸纤维素膜和尼龙膜，其中以玻片最为常用。

（二）基因芯片技术在食品微生物检测中的应用

该技术可以将生物学中许多不连续的分析过程移植到固相的介质芯片，并使其连续化和微型化，这一点是它与传统生物技术如DNA杂交、分型和测序技术的最大区别。基因芯片技术理论上可以在实验中检测所有潜在的病原体，或者使用相同的芯片来检测各种遗传指标的病因途径；同时检测敏感性、特异性和快速方便性非常高，因此在病原体分析中有良好的发展前景。目前用于细菌检测和鉴定的大多数探针来自16SrRNA，部分来自某些功能基因。 PCR过程中标记的方法仍然存在。基因芯片技术也是食品微生物研究不可或缺的研究工具。如在食品发酵过程中，大多数活细菌不能在体外培养，难以估计产品中细菌的种类和数量，使用基因芯片可直接培养而不发酵微生物发酵产物中的种群。

食品样品中微生物靶核酸分子的检测仅表明样品确实含有某种微生物，但不可能确定微生物是否活着。因此，有必要使用培养富集等方法来确定培养基中的微生物生长，或是使用单偶氮（EMA）活性染料和 PCR 扩增方法。一些核酸结合染料只能将破碎的细胞膜传入死细胞，不能进入活细胞。光活化的 EMA 对 DNA 的不可逆结合的使用可以抑制死细胞 DNA 的扩增。

第三节　生物传感器技术检测食品中微生物

生物传感器是指诱导生物活性物质的物理和化学性质的变化。通常，生物传感器是连接到传感器的生物感觉元件的组成部分。它通过物理和化学传感器捕获目标和感测元件之间的反应，然后用离散或连续的数字电信号表示反应程度，以产生分析物的浓度。生物传感器是一种复杂的分析装置，其将生物或生物衍生的敏感组件与物理和化学转换器结合，以产生信号强度缩放的不连续或连续的数字电信号。

一、光学传感器

光学传感器在食品微生物检测领域的应用，是由于固定在光学传感器表面的细胞引起了表面厚度的变化，进一步影响到光学折射率等一系列变化，虽然变化范围很小，但是光学传感器却可以检测到。单模双电波导、表面等离子体共振（SPR）、椭圆率测量法、单模双电波导、光纤波导、干扰仪等已被用于致病菌的检测。光学传感器检测方法快捷简单、效率高而且成本较低，缺点就是对于不产生荧光素的细胞无法进行检测。

二、生物发光传感器

随着无法深入研究荧光素酶的研究，生物发光传感器的应用越来越广泛。荧光素酶标记的基因被转移到噬菌体的染色体中，噬菌体被目标细菌感染，目标细菌具有发光的能力。TM4抗生素检测结核分枝杆菌，灵敏度为101cells/ ml，检测时间为2h。[①]还有一种更好的生物传感器系统，可以检测沙门氏菌和大肠杆菌，特异性切割相应的细菌宿主，并使用生物发光检测释放的细胞内容物中的ATP。

ATP和细菌数确定微生物数量。如果腺苷酸激酶代替ATP作为细胞标志物，检测限可以降低到103个cells / ml。生物发光检测方法特异性用于区分活细胞和死细胞。

---

① 曹际娟. 食品微生物学与现代检测技术 [M]. 大连：辽宁师范大学出版社，2006, 第 114 页。

三、压电免疫传感器

压电免疫传感器设计用于在石英晶体电极（金或银）的表面上固定一层抗体或抗原。通过免疫应答在液相中的固体，固定的抗体（或抗原）分子可以识别它们相应的抗原（抗体），而形成免疫复合物的具体组合，沉积在电极表面，导致电极表面质量负荷变化、前后免疫反应对晶体振荡频率的变化，根据石英晶体振荡频率变化可以计算出测量物质的量。当压电传感器首次应用于免疫测定时，使用牛血清白蛋白测量其在塑料涂层石英晶体表面上的抗体，灵敏度与常规被动凝固方法相似。石英晶体免疫传感器用于检测沙门氏菌，线性范围为106～108cells / ml，检出时间为45min。用能够特异性结合感兴趣抗原的合成多肽再生晶体后，晶体可以重复使用12次以上。石英晶体免疫传感器也可以检测病毒，并与ELISA法比较，其特异性好，灵敏度高，快速经济。压电免疫传感器是生物传感器研究的热点之一，因为它有益于生命活动的研究。

四、表面等离子体共振生物传感器

表面等离子体共振是物理光学现象。当湮灭波的全内反射可以触发自由电子的金属表面以产生表面等离子体时，在玻璃界面处使用光反射。 在入射角或波长一定的适当条件下，等离子体的表面和消逝波的频率，波数等于二者会共振，入射光被吸收，使反射光在镜子上，准备的HBS缓冲液，具有已知浓度SMZ的样品建立标准曲线。 将能与SMZ结合的多克隆抗体加入到样品中，使用SPR检测器固定化表面来测定未结合的抗体的量。

生物传感器是使用生物化学反应的特异性，高度选择性地分析目标。然而，由于生物单元的引入，生物结构的固有不稳定性和变异性，人们为提高生物传感器的性能做了一系列努力。生物传感器阵列为复杂系统中多个组件的同时测定提供了直接和容易的解决方案。目前，国外市场已经能够同时确定固定分析仪的16种组件，该技术的发展方向是具备多样化和仪器体积小型化的功能，也就是说尽可能小的传感器布置尽可能大的区域。人们试图通过干涉三维高速立体喷墨、光刻、自组装和激光解吸来实现这一目标。可以看出，生物传感器微阵列的应用实现多参数同步检测正在成为生物医药和食品安全检测的主流。

五、微阵列技术

阵列技术目标是对事物有序排列顺序。阵列又分为大阵列和微阵列两种。大阵列样品直径大于300μm，小阵列样品直径小于300μm。大阵列样品可以通过胶膜扫描仪进行检测观察，而微阵列必须使用特殊的自动设备和现象设备才能被检测。一个阵列很简单的微芯片可由一固体表面上（例如尼龙膜、玻璃载片或硅芯片）附上少量的来自已知菌属的单链DNA构成。当许多未知菌属的单链DNA与这一DNA芯片接触时，互补菌株就会结合到芯片的特定位点上。目前，微阵列是DNA、RNA、抗体、蛋白质微阵列等，其中DNA微阵列是应用最广泛的。 由于微阵列采样点小，单个微阵列可以容纳数千甚至数万个样本，从而大大提高了检测效率。DNA微阵列是DNA载体玻璃片和膜上的DNA寡核苷酸和作为探针的cDNA。然后与荧光标记的靶DNA杂交，进行成像，并测量杂交微阵列中每个样品的荧光高度，最后对数据进行统计分析。DNA微阵列已被用于快速检测病原菌如爱德华氏菌、亚硝化单胞菌、分枝杆菌、葡萄球菌、大肠杆菌O157、李斯特菌等。

第四节　自动化仪器检测食品中微生物

仪器分析是指借用精密仪器测量物质的某些理化性质以确定其化学组成、含量及化学结构的一类分析方法，适用于微量或痕量组分的测定。随着更多的现代化技术应用到食品检测领域，仪器分析法在食品微生物检测中的重要作用也日益凸显，特别是与计算机技术的结合，充分发挥了仪器分析法快速、灵敏、准确的特点。

一、光谱分析法

（一）紫外-可见分光光度法

1、紫外-可见分光光度法的基本原理

用可见光光源测定有色物质的方法，称为可见光光度法，所用的仪器称为可见分光光度计。用紫外光源测定无色物质的方法，称为紫外分光光度法，所用的仪器称为紫外分光光度计。这两种方法基本原理相同，所以设计时常常将两种不同的光源及一套分光系统合并在一个仪器中，称为紫外-可见分光光度计。每一种物质都有一个特定的紫外-可见吸收光谱，是其物质具有的特有特性，所以可以同紫外-可见吸收光谱进行物质的定性和定量分析。物质的紫外-可见吸收光谱对应的物质吸收波长范围一般在200～760nm区间。

2、紫外-可见分光光度法的应用

紫外-可见分光光度法中的一些类型如双波长分光光度法、导数分光光度法及三波长法等属于定量分析，其特点是不经化学或物理方法分离，就能解决一些复杂混合物中各组分的含量测定，在消除干扰、提高结果准确度方面起了很大的作用。其在食品分析领域应用相当广泛，特别是在测定食品中的铅、铁、砷、铜、锌等离子的含量中的应用。[①]此外，在对食品中番茄红素进行分析时，采用此法可避免其他类胡萝卜素的干扰；还能够对食物中的大豆异黄酮含量进行快速的分析。由于该方法操作简便、成本低廉等优点，在食品卫生国家标准中被广泛采用。

紫外-可见分光光度法在食品微生物检测方面的应用也越来越多，主要是用于测定微生物发酵液中某些产物的浓度。近年来的报道中有使用紫外-可见分光光度法测定FMDV纯化抗原的浓度，用于微生物发酵液中辅酶Q10的快速定量检测，研究发酵液中D-核糖的测定影响因素和规律等。

（二）近红外光谱分析技术

1、近红外光谱分析技术的基本原理

近红外光谱（NIRS）分析技术是综合数学、化学、物理学、计算机技术、信息科学等学科的一门高新分析技术。近红外的整个谱区波长方位根据美国材料检测协会（ASTM）定义为780～2526nm，而在一般应用中把波长在700～2500nm（波数14286～4000cm^{-1}）范围内的电磁波作为近红外谱区，是人们最早发现的非可见光区域。习惯上又将近红外光划分为短波近红外（700～1100nm）和长波近红外（1100～2500nm）两个区域。

近红外光谱在关平上会出现波峰和波谷，因为有机物对红外光谱各个波长都具有不同的吸收率，所以近红外光谱主要鉴定的对象是有机物，既能够完成定性鉴定，也可以完成定量分析。红外光谱记录的是分子中单个化学键的基频振动的倍频和合频信息，它常常受含氢基团H-X（C、N、O）倍频和合频重叠主导。所以在近红外光谱范围内，测量的主要是含氢基团H-X振动的倍频和合频吸收。

---

① 马东来，刘爱朋等．紫外－可见分光广度法测定去铁胺含量[J]. 分析实验室，2017，（3）：82-83.

2、近红外光谱分析技术的特点

近红外光谱分析技术自身有着独特的优点。第一，使用近红外光谱分析技术不具有破坏性，不像传统分析技术需要进行相关的反应才能够进行鉴定或者分析，这种技术手段不会主动破坏微生物的本来结构。第二，近红外光谱分析技术不需要对待检样品进行前处理，不需要消耗其他材料，所以耗费成本较低，分析重观性好。第三，鉴定效率快，能够在几分钟内，只需要对被测样品完成一次近红外光谱的采集测量，就可以完成其多项相关的测定工作。

但是，近红外光谱分析技术也有不足之处。因为物质在近红外区吸收能力较弱，所以这一区域鉴定灵敏度较低。另外，需要专业素养较高的人员进行建模和操作，专业的精良化学仪器造价昂贵，模型必须经常进行更新和维护。

3、近红外光谱分析技术的应用

国外的研究人员利用中红外光谱分析法对微生物的分类进行过研究，主要是对食品加工制作过程中常用的微生物如细菌、酵母菌等进行分类鉴别。在食品微生物检测方面，通过食品中致病菌的FTNIR谱来获得细胞壁的组成及其生物大分子结构的信息，继而分离出食品中致病菌的特征光谱带，研究近红外光对其生物细胞的作用机理为建立一种快速简便的检测方法提供了依据。

二、色谱分析法

（一）气相色谱法（GC）

气相色谱法也称为气体色谱法或者气相层析法。气相色谱法主要是利用各组分在色谱柱中的吸附力和溶解度不同进行分离操作，统筹采用冲洗法进行分离。

1、气相色谱法的基本原理

每种物质都有固定相和流动相两种形态，而且分配系数也不相同。当物质在两相中做相对运动时，试样中的各个组分由于在流动相和固定相相互交换中完成分离。虽然原来的待检样品中各个组成成分的分配系数只有微小的差异，但是通过流动相和固定相直接的频繁转换，依然可以达到分离的目的。气相色谱法经常应用在微生物鉴定领域中，主要应用在大量分析检测各种常见的细菌、酵母菌和霉菌等。首先将待检微生物的细胞经过水解、分解、提取或者硅烷化等方法处理，然后分离出尽可能多的各个组分，供气相进行分析。

2、气相色谱法的应用

气相色谱法中的顶空气气相色谱法通过检测食品密闭包装顶部的空气部分或者培养基密闭空间最顶部的空气部分，鉴定其新陈代谢作用的产物CO_2含量来分析和判别微生物的类型。顶空气气相色谱法被广泛应用于食品检测行业，尤其是酵母菌、乳酸菌、霉菌和大肠杆菌等常见污染菌的污染程度。这种方法的优点是灵敏度高，检测速度快，测量范围在10～108CFU/ml的检定效果最好。

热裂解气相色谱法主要应用在发生化学反应过程中对热裂解过程产生的气体进行分析鉴定。在实验室的检测和检定微生物细胞领域有着重要的作用。主要标记对象是细菌热裂解产生的独特裂解产物，如2–呋喃甲醛、吡啶二羧酸等，进行细菌检测和鉴定。气相色谱仪是完成气相色谱法的工具，它是以气体为流动相，采用冲洗法来实现柱色谱技术的装置。载气从高压钢瓶经减压阀流出，通过净化器除去杂质，再由针形调节阀调节流量。然后通过进样装置把注入的样品带入色谱柱。最后，把在色谱柱中被分离的组分带入检测器，进行鉴定和记录。

（二）高效液相色谱法（HPLC）

高效液相色谱法（HPLC）是食品检测中一种高效、快速的分离分析技术，它是在经典液相色谱基础上，引入了气相色谱的理论，在技术上采用了高压泵、高效固定相和高灵敏度检测器，因而具备速度快、效率高、灵敏度高、检测限度低、操作自动化等特点，使之成为目前最热门的食品检测技术之一。高效液相色谱法可用来作液固吸附、液液分配、离子交换和空间排阻色谱（凝胶渗透色谱）分析。对试样的要求，只需要能制成溶液，而不需要汽化，因此不受试样挥发性质的限制。对于高沸点、热稳定性差、相对分子质量大（> 400）的有机物（这些有机物几乎占有机物总数的75%～80%），原则上都可以用高效液相色谱法来进行分离、分析。

第五节 电化学方法检验食品中微生物

由于微生物的细胞膜具有高度的绝缘性，而其细胞质中却含有大量的带电粒子，这一特点就会使微生物细胞在电场力作用下，表现出一定的电学特性。同时，微生物的生长代谢所产生的代谢产物，会使其培养介质的导电性发生变化。根据这一原理，我们就可以通过电极来记录微生物生长代谢过程中的电流、电位、阻抗、电导和介电常数等信息，进而分析信号特征。

一、电阻抗法

早在1898年，英国科学家斯图尔特（Stewart）就在血清和血液的化脓过程中发现了细菌培养基的导电率曲线，在此基础上，经过一百多年的发展与完善，电阻抗法不断发展与完善并日趋成熟。该方法的特点是能够同时检测多个样品的含菌量，检测时间短、精确度高。伴随电动化和计算机技术的飞速发展，电阻抗法在微生物检测中的作用更为强大。

（一）检测原理

将电极插头连接在一个特制的测量管底部，由于用来培养微生物的液体培养基是电的良导体，所以就可以对已经接种的液体培养基阻抗的变化规律进行测定。阻抗之所以会发生变化，是因为微生物生长过程中的新陈代谢作用会使培养基中的大分子电惰性物质（如蛋白质、碳水化合物、脂类）被分解成小分子电活性物质，如醋酸盐、乳酸盐、重碳酸、氨等物质；这些代谢物的出现和聚集，增强了培养基的导电性，从而降低了其阻抗值。将培养基阻抗变化的相对值定义为M，则$M=(Z_0-Z_1)/Z_0\times 100\%$，其中：$Z_0$表示测量开始时培养基的阻抗值，$Z_1$表示测量开始后任意时刻培养基的阻抗值，M值最终表示了培养基电阻减少的百分数。电阻越小，细菌活动越多，因此通过测定M值的变化就能检测出微生物的数量。①其原理如图7-2所示。

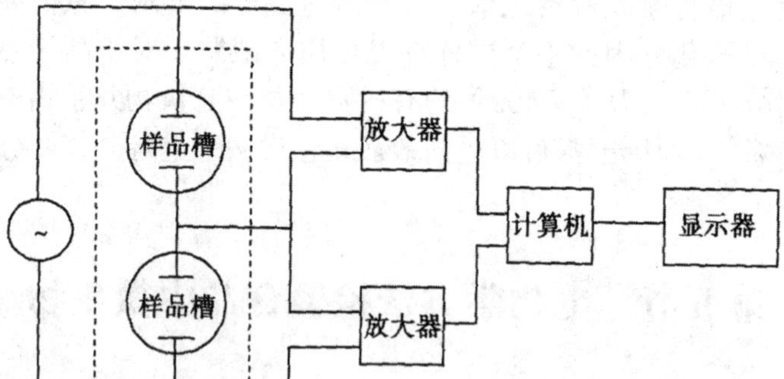

图7-2　电阻抗法原理

① 张凤，金妍．电阻抗式传感器大肠杆菌快速检测方法研究[J]．传感器与微系统，2016，(10)：7-8.

在电阻抗测量法中，一个重要的参数是培养基阻抗的M值的阀值，该参数体现了在微生物生长繁殖的过程中培养基阻抗值的变化范围。与阀值相关的参数还有阻抗检测时间IDT，即从测量刚开始到微生物生长的曲线达到所设定的阀需要的时间。标准曲线的获得方法是，在对应的时间范围内，菌落形成单位的对数和阻抗检测时间呈现出直线线性关系，然后通过测定同类样品中多个样品的平板菌落计数和对应的IDT（电阻抗法），就可以制订出标准曲线。对于未知样品，想要测定其CFU，只需测定其IDT值，再通过查标准曲线即可得出结果。

（二）电阻抗法的类型

电阻抗法主要包含两种类型：直接电阻抗测量法和间接电阻抗测量法。分类依据是在测量的过程中电极是否与培养基接触。

（1）直接电阻抗测量法。直接电阻抗测量法最关键的因素是培养基的选择。培养基必须具备两个条件，才能使用直接电阻抗测量方法。第一，培养基的阻抗会随着微生物的繁殖生长过程出现明显的变化，即电特性变化十分明显；如果电特性变化不明显，则无法检测出微生物含量的变化。第二，微生物能够在通电培养基中正常繁殖生长，如果微生物在带电培养基中无法进行正常的新陈代谢和生长分离，则无法进行该实验。例如，金黄色葡萄球菌虽然能够在营养肉汤中生长，但是没有明显的电特性变化发生，但是在某些特质的阻抗营养肉汤中，不但能够很好地生长，而且能产生强烈的阻抗信号。

（2）间接电阻抗测量法。通过检测微生物生长代谢所产生的CO_2来反映微生物的代谢活性。其原因是，当无法直接测量培养基中电特性变化时，可以通过间接测量导电离子完成测量。有些特殊种类的微生物在培养过程中，需要使用到LiCl、KCl等高浓度盐来达到分离效果，这些分子中的离子都带有很强的导电性，对直接测量方法中的抗阻变化起到了极强的干扰能力，所以不能使用直接电阻抗测量法。

间接电阻抗测量法在测量过程，在阻抗测试管中加入 KOH 直到淹没电极顶部，然后将微生物新陈代谢生产的 CO_2 通入测试管；CO_2 与 KOH 发生化学反应生成 K_2CO_3，因为 K_2CO_3 的导电性要远低于 KOH，所以会伴随着导电性的变化，通过记录测试管中导电性的变化间接反映出微生物的生长繁殖信息。

（三）研究进展及其在食品微生物检测中的应用

电阻抗测量法检测微生物的研究从20世纪70年代开始受到关注，国外学者最先报道了通过阻抗变化来检测细菌生长及对抗生素的敏感性。美国的Bactomatic公司的相关人员报道了首台基于阻抗法的连续监测细菌代谢生长仪Bactometer 32；坎蒂（Candy）等认为微生物生长引起电极表面的双电层组成改变，使得容抗发生变化，是影响阻抗的主要因素；2003年杨（Yang）等将三电极体系用电解液电阻、法拉第阻抗、双电层电容的串并联等效，对阻抗法原理进行了系统的研究；当电极表面不发生化学反应时，感应电流不存在，等效电路可简化为电解液电阻与双电层电容的串联。该方法在食品工业中最初是从乳制品检测开始的。1979年，欧·康纳（O'Connor）使用此方法成功地测定出原乳中的细菌总量，随后电阻抗测量法在食品微生物检测领域的应用越来越广泛。

二、电化学免疫传感器

生物传感器是在1962年，由克拉克（Clark）等以酶电极的设想提出来的。他们利用葡萄糖氧化酶催化葡萄糖氧化反应，经极谱式氧电极检测氧量的变化，从而制成了第一支酶电极。从此，传感器技术迅速发展，又衍生出许多不同的类型。电化学免疫传感器是将免疫分析与电化学传感技术相结合而构建的一类新型生物传感器，是免疫传感器中研究最早、种类最多、也较为成熟的一个分支。它结合了各种电分析技术，比如溶出伏安法、脉冲差分法和脉冲伏安法等，使得其灵敏度大大提高，目前正朝着更加灵敏、特效、微型和实用的方向发展。

（一）电化学免疫传感器原理及特点

生物传感器一般由生物识别元件和信号转换元件组成，生物识别元件是固定化的抗体、抗体片段或抗原（半抗原），用来测定特定分析物（抗原或抗体），从而形成稳定的免疫复合物的这类分析装置统称免疫传感器。电化学免疫传感器是结合了抗原抗体反应高度特异性和选择性以及电化学分析方法快速、灵敏、简便、精密度高、自动化程度好、应用范围广等优点，适合用于食品安全领域中病原微生物、抗生素和毒素等的测定。

（二）电化学免疫传感器分类

电化学免疫传感器根据测量信号不同可分为以下类型。

1、电位型电化学免疫传感器

抗原抗体发生结合反应后，在反应的过程中伴随着电位的改变。电位型电化学免疫传感器就是通过检测反应前标记物质的电位变化而完成免疫分析的。电位通常与活性物质浓度的对数值呈正比关系，这种传感器一般结合了酶免疫的高灵敏度的优点，同时还吸纳了电离子在电极选择的高自动选择性的优点，可以被有效应用在抗原和抗体反应的实时检测领域。

2、电容型电化学免疫传感器

电容型电化学免疫传感器主要利用的是目标检测物和周围液体在流动过程中导致介电常数的变化，进一步引发了电容的变化，通过检测电容的变化，间接反映出抗体抗原的反应变化。电容型电化学免疫传感器所使用的信号转换器由一对放置在流体环境中的导电体构成，电极上固定有识别分子，是近年来出现的新型传感器。

3、电流型免疫传感器

电流型免疫传感器主要是利用电活性物质引起的电流变化来测定检验品种的抗原浓度变化。电流型免疫传感器主要有两种方式，即竞争法和夹心法。夹心法的检测方法是将检验样品抗原和氧电极上抗体进行结合，另外一方面是检验样品抗体与酶标抗体结合，二者形成夹心结构发生了催化氧化还原反应，导致了电流的变化。竞争法则是使酶标抗原和检测样品中的抗原进行竞争去结合氧电极上的抗体，完成催化氧化还原反应，来引起电流变化。

4、电导型免疫传感器

在免疫反应过程中，多种离子会伴随着反应过程产生或者消耗，从而引起了电导率的变化，电导型传感器就是通过检测这种电导率的变化来进行检测分析。另外，除了溶液导电率会发生变化，微生物细胞薄膜的电导率也会发生变化。由于使用电导性免疫传感器受到待测样品中离子强度以及电容变化都会对这种传感器造成影响，而且溶液的电导率是由所有离子的运动所决定的，所以这种传感器还存在着一定的缺陷和制约。

5、电阻型免疫传感器

对于一个阻抗特性的传感器，其电容、电感和电阻特性的组合会产生一个特定的阻抗信号。如果传感器周围环境发生变化，引起上述特性的任何变化都会造成阻抗的改变，将得到一系列新的阻抗特性，这就是基于电化学阻抗技术的传感器的研究基础。

三、介电常数法

介电常数反映出的是溶剂对所包含的溶质分子熔化和隔开离子的能力。对于真空领域，介电常数说明的是增加电容器电容能力的度量。影响介电常数的大小主要是分子偶极矩和可极化性，介电常数越大的溶液，就有更大的溶质溶解能力和溶质分子隔离能力。当电场的频率处于0.1～10MHz范围时，微生物悬浮液的介电常数与微生物的体积分数呈现函数关系。

（一）介电常数法的检测原理

介电常数法主要应用目标是微生物浓度较高的细胞悬浮液，例如发酵过程中对微生物浓度变化的检测，检验目标的细胞悬浮液浓度要求≥107CFU/ml。

介电常数法检测原理的基础是细胞的极化现象。在电场力的作用下，两电极间的带电粒子会向两极移动，电场力越大，移动速度越快，所以介电常数法适用于电场力在0.1～10MHz较低频率范围区间内。如果频率范围太高，则细胞来不及发生极化，变化的仅仅是细胞外溶液的介电常数。在电场力作用下移动的带电粒子不仅包含溶液中的带电粒子，还包含有微生物细胞中的带电粒子。微生物细胞中的带电粒子向两极移动的过程中，由于细胞膜的限制，使带电粒子停留在细胞内部，带电粒子在细胞膜附近的积累导致了带电电荷在细胞膜附近的积累，即发生了细胞的极化，这使得每一个微生物细胞就相当于一个小电容。

通过检测高频率区域和低频率区域微生物悬浮液的电容差，再结合电容差和微生物体积分数之间函数关系，就可以计算出悬浮液中微生物的浓度大小。

（二）介电常数法的研究进展

介电常数法已经得到了实际应用，该法已经被应用在微生物发酵过程中微生物浓度在线检测领域。Biomass System（法国）和Biomass Monitor（美国）等商业化介电常数检测仪器，都已经实现了生物发酵过程中微生物数目的在线检测。通过微生物悬浮液的介电常数的检测，再通过对应的函数关系，计算出悬浮液中微生物的浓度。

HPE5050A（Hewlett-Packard Co.，Ltd. 制造）使用感测方法来检测由两个共轴螺旋线圈组成的溶液的介电常数，其分布在两个线圈之间。当初级线圈施加电压时，线圈的感应电流与微生物悬浮液的介电常数有关。HPE5050A不使用电极，从而降低了检测过程中极化阻抗的影响。但是，由于传感器的探头无法消毒，操作过程中还要辅助以精确复杂的计算过程。

参考文献

[1] 毕滔滔，张子成. 食品微生物检验[M]. 北京：中国科学技术出版社，2014.

[2] 曹际娟. 食品微生物学与现代检测技术[M]. 大连：辽宁师范大学出版社，2006.

[3] 何国庆，张伟. 食品微生物检验技术[M]. 北京：中国质检出版社，中国标准出版社，2013.

[4] 黄贝贝，陈电容. 微生物学与免疫学基础[M]. 北京：化学工业出版社，2011.

[5] 康臻. 食品分析与检验[M]. 北京：中国轻工业出版社，2008.

[6] 李凤梅. 食品微生物检验[M]. 北京：化学工业出版社，2015.

[7] 刘素纯，贺稚非. 食品微生物检验[M]. 北京：科学出版社，2013.

[8] 刘用成. 食品微生物检验[M]. 北京：中国轻工业出版社，2012.

[9] 苏世彦. 食品微生物检验手册[M]. 北京：中国轻工业出版社，1998.

[10] 王叔淳. 食品卫生检验技术手册[M]. 北京：化学工业出版社，2002.

[11] 王廷璞，王静. 食品微生物检验技术[M]. 北京：化学工业出版社，2014.

[12] 魏明奎，段鸿斌. 食品微生物检验技术[M]. 北京：化学工业出版社，2008.

[13] 杨玉红. 食品微生物检验技术[M]. 北京：中国计量出版社，2010.

[14] 杨玉红. 食品微生物学[M]. 北京：中国轻工业出版社，2010.

[15] 曾小兰. 食品微生物及其检验技术[M]. 北京：中国轻工业出版社，2010.

[16] 张伟，袁耀武. 现代食品微生物检测技术[M]. 北京：化学工业出版社，2007.

[17] 赵贵明. 食品微生物实验室工作指南[M]. 北京：中国标准出版社，2005.

[18] 赵文杰，孙永海. 现代食品检测技术[M]. 北京：中国轻工业出版社，2007.

[19] 周红丽，张滨，刘素纯. 食品微生物检验实验技术[M]. 北京：中国质检出版社，中国标准出版社，2012.

[20] 罗光明，董艳凯等.栀子炭疽病原菌鉴定及抑菌药剂筛选［J］.中国实验方剂学杂志，2017，19：30–33.

[21] 李俊乐.土壤微生物对环境胁迫的相应机制分析［J］.中国高新技术企业，2017，11：3–7.

[22] 陈文秀，董守亮等.影响酒精酵母发酵效果的因素研究［J］.现代食品，2017，9：23–25.

[23] 曹森，赵成飞等.自发气调包装对辣椒储藏品质的影响［J］.食品工业科技，2017，13：79–80.

[24] 邵磊，贾慧.青霉素发酵消毒过程中余热利用分析［J］.化工管理，2017，8：44–46.

[25] 兰建丽，粘靖棋等.浅谈食品生产环境中霉菌的分析和控制［J］.中国科技信息，2014，10：112–115.

[26] 王希越，田媛媛等.微生物代谢组学样品前处理方法研究进展［J］.科学展望，2016，36：7–8.

[27] 王倩，张爱慧等.白菜在高温胁迫下的生理生化特性变化研究［J］.金陵科技学院学报，2017，1：14–18.

[28] 李海龙，胡峻等.除臭微生物的筛选、鉴定及其应用效果［J］.环境科学与技术，2016，S2：74–77.

[29] 郭秩先.抗原特异性免疫耐受治疗自身免疫疾病的新进展［J］.医学综述，2015，16：55–57.

[30] 李苏英.间接血球凝集实验检测流动人口血吸虫病抗体［J］.中国卫生检验杂志，2014，7：11–14.

[31] 邹习俊，杨红宇等.实验动物SPF实验室改革初探［J］.贵州畜牧兽医，2016，6：5–7.

[32] 陈玲，张菊梅等.南方食品中沙门氏菌污染调查及分析［J］.微生物学报，2013，12：44–47.

[33] 朱颖梅，谭海芳.我国植物组织培养的发展现状与前景展望［J］.疾病监测与控制，2017，2：20–23.

[34] 方檬舟，李海昌等.风邪与溶血性链球菌治病的关系［J］.中华中医学刊，2016，11：17–19.

[35] 吴俊，孙腾云等.一起由副溶血性弧菌引起的食物中毒的实验室监测［J］.中国卫生检验杂志，2015，24：66–68.

[36] 杨书观.细菌性食物中毒的微生物学检验［J］.临床医学，2016，4：24–26.

[37] 徐华敏.生鲜乳中抗生素残留的检测［J］.食品工程，2013，3：

31–34.

[38] 罗宏伟.检验工作中免疫检验的影响因素及质量控制方法［J］.中国卫生产业，2015，3：16–19.

[39] 陈俊彦，肖琼等.免疫胶体金技术的应用与展望［J］.化学分析计算，2014，1：88–91.

[40] 张素格，孙红霞等.DNA G–四链体识别探针研究进展［J］.化学通报，2016，5:96–100.

[41] 程海星，郭月英.实时荧光定量PCR技术原理及在食品检测中的引用［J］.食品与发酵工业，2015，3:114–117.

[42] 马东来，刘爱朋等.紫外–可见分光光度法测定去铁胺含量［J］.分析实验室，2017，3:32–35.

[43] 张凤，金妍.电阻抗式传感器大肠杆菌快速检测方法研究［J］.传感器与微系统，2016，10:52–54.

[44] 菲尔斯. 视频微生物学基础[M]. 陈炳卿，译. 北京：人民卫生出版社，1987.

[45] 哈瑞根. 食品微生物实验室手册[M]. 第三版. 李卫华，方红等译. 北京：中国轻工业出版社，2004.